JN007951

(a)　針による刺激（B-Z 反応開始前）（本文 27 ページ，図 3.12）

(b)　B-Z 反応が描き出す美しい模様（本文 27 ページ，図 3.13）

**口絵 1**　B-Z 反応における色の変化

**口絵2** メチルオレンジを用いた固体酸触媒の
酸性質確認試験（本文52ページ，図4.33）

（a） クマリン誘導体溶液の蛍光
（本文66ページ，図5.22）

（b） フルオレセイン溶液の蛍光
（本文70ページ，図5.35）

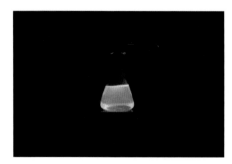

（c） ローダミンB溶液の蛍光
（本文73ページ，図5.41）

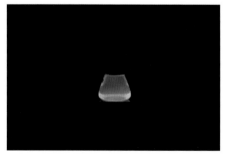

（d） アクリジン誘導体溶液の蛍光
（本文75ページ，図5.47）

**口絵3** 反応物溶液の蛍光性の確認

# 実験でわかる
# 触媒のひみつ

博士（工学）　**廣木　一亮**　共著
博士（工学）　**里川　重夫**

コロナ社

# 発刊によせて

　私たちは沢山のモノに囲まれて生活しています。家や家具の材料となる材木，新聞紙や書籍などの原料となるパルプ，身にまとう衣類の原料となる綿や絹，羊毛などの自然素材を除いて，日常生活用品のほとんどが化学反応により作られています。その化学反応を順調に進めるのに欠かせないのが触媒です。

　例えば，レジ袋に使われているポリエチレンは，触媒の働きでエチレンを相互に結合してきわめて長い分子に変化させることで作り出されているし，飲み水やお茶などを入れるペットボトルはエチレングリコールとテレフタル酸ジメチルという物質（化合物）を触媒で相互に結合して合成されています。触媒なしではポリエチレンもペットボトルもできませんし，あらゆる化学製品も合成することができません。

　元素の周期表で最初に出てくる原子番号が1の水素はきわめて反応性が高い危険な物質です。水素は酸素と反応して水になりますが，身の回りの温度（室温程度）で酸素と混ぜただけではまったく反応は起こりません。しかし，ごく少量の白金ブラックを加えると，温度を高くしなくても爆発的に反応して水になります。白金ブラックは水素と酸素の反応の触媒としての役割を果たしているのです。

　本書では取り扱わなかったようですが，私たちの体の中で起こる化学反応のほとんどは酵素と呼ばれる触媒が重要な役割を果たしており，あらゆる生物の生命維持や繁殖などにはなくてはならない物質です。

　では触媒ってなんだろう。どんな働きをするのだろう。どんなところで使われているのだろう。その正体はなんだろう。これらの疑問に答えるために書かれたのが本書です。少しばかりの薬品や実験器具を使って，小学校の中学年以上ならば誰にでもできるやさしい実験を通して，触媒がかかわる化学反応を体

験して欲しいと願っています。

　第2章「触媒とはなにかを体感する実験」に先立って「触媒」という言葉を辞書で調べてみましょう。まずは自然科学関係の用語を詳しく解説している理化学辞典（第5版）を見ると，「熱力学的にみて化学反応の進行が可能である物質系に，比較的少量を添加して反応を促進させ，あるいはいくつかの可能な反応のうちで特定のものを選択的に進行させる物質。」と説明されていますが，難しい言葉（化学用語）や表現で説明されているので，かえって分からなくなるかも知れません。では，身近にある辞書，例えば，三省堂国語辞典（第七版）には「それ自身はすこしも化学的変化をしないが，それがまじると化学反応の速度が〈はやく/おそく〉なる物質。」広辞苑（第六版）には「化学反応に際し，反応物質以外のもので，それ自身は化学変化を受けず，しかも反応速度を変化させる物質。」などと記されています。要約すると，触媒は自分自身の姿やかたちに変化を起こさないが，他の物質同士の反応を円滑に進める物質であると言えます。

　ところが，話はそれほど簡単ではありません。姿かたちを変えてしまう触媒もあり，しかも，ほとんどの触媒は特定の化学反応だけに有効だからです。千の化学反応があるとすれば千種類の触媒があるといえるのです。ところで，化学の英語はもちろん chemistry です。ところが，chemistry の意味するところは「化学」だけでなく「化学的性質」や「化学反応」も含まれており，会話では人と人との相性や共通点など「相性が良い」と言うときに chemistry という言葉を使うようです。一見複雑そうに思える触媒も相性が良い物質同士を結びつける chemistry なのです。

　2020年1月

白川　英樹

（筑波大学名誉教授，日本学士院会員）

# ま　え　が　き

　本書は子供たちに理科の面白さを知ってもらう実験レシピを提供するために作られました。子供たちに実験する機会を提供するのは，学校の先生，保護者の方，地域のボランティアの方などを想定しています。ただし，化学実験ですので化学の基礎知識がある方でないとわかりにくいこともあるかと思います。読み進める中でわからない物質や用語があった場合は，ぜひ化学の基礎知識がある方にご相談ください。必ずしも化学の専門教育を受けている必要はありませんが，化学物質を扱いますので化学物質を安全に使用するための知識や技能は必要です。

　本書では，実験をするのは小学生から一般の大学生や社会人までを想定しています。未就学児の場合には，保護者のサポートが必要です。実験教室というと小学生向けの行事と思う方が多いと思います。しかし，実際に実験教室を行ってみると興味を持ってくれるのは子供たちよりもむしろ保護者の方々であることも多くあります。本書で取り上げた実験レシピはそんな化学の知識のない方でも五感で感じて楽しめる実験です。さらに化学の知識や経験のある方であれば，より一層楽しめます。ましてや化学の専門家の方々は驚きさえ感じてくれるかもしれません。化学を「面白い」と思うことから，化学を「不思議」だと思い，さらに「なぜ，どうして」と考えをめぐらせ，「知りたい」気持ちを醸成できれば，本書の目的を達成できたと考えます。

　また，本書には各実験ごとに動画サイトにアクセスできる QR コードがついています†。著者は触媒化学を専門にしていますが，論文に書いてある手順をトレースしても実験を再現できないことがよくあります。実験には文字になら

---

†　コロナ社の本書の紹介ページ（https://www.coronasha.co.jp/np/isbn/9784339067606）からもアクセスできます。

ないノウハウがつきもので，化学実験は勘と経験によるところが大きいのです。そのような難点を補う役割をしてくれるのが動画です。最近の若い人たちにとって動画を見たり撮ったりすることはごく日常的なことです。そこで本書でも実験動画による解説を取り入れました。文章で実験レシピを正確に紹介し，動画で実験のノウハウを視覚的にとらえることで，実際に実験を指導する先生や保護者，地域ボランティアの方々に，より正しく，安全に実験を指導していただくことができると考えました。この動画情報も有効にご活用いただきたいと思います。

　本書のテーマは触媒です。触媒は生活にかかわるエネルギーやモノ作りに欠かせない材料で，そのことは第1章で説明しています。ただ，残念ながら日々の生活の中で触媒の効果を感じることはできません。それは触媒がエネルギーやモノ作りの根幹に関わっていて，おもに化学工場や反応装置の中で働いているためです。そのため2～9章で取り上げた反応は実際の暮らしの中で使われている反応ではありません。しかし，本書では簡単に実験できて効果が目で見てわかる反応を選んだことで，化学の知識の有無にかかわらず多くの人の興味を引くものが提供できたと考えます。

　現在，地球温暖化問題が世界中で議論されています。二酸化炭素をこれ以上排出しないためには，資源・エネルギーの新しい使い方を発明・発見する必要があります。触媒はこれまでも資源・エネルギーを安全かつ効率的に利用する技術に大いに役立ってきました。その役割は今後も変わりません。多くの子供たちが，化学の面白さを感じるところからスタートして，触媒を使って持続可能な世の中を作っていく大人になってくれることを祈っています。

　2020年1月

里川　重夫

# 目　　　次

## 1章　触媒について知ろう

## 2章　触媒とはなにかを体感する実験
### ── 過酸化水素の分解 ──

## 3章　触媒のしくみを観察する実験
### ── B-Z 反応 ──

## 4章　香りを作る実験
### ── エステルの合成 ──

# 5 章　光を生み出す実験
## —— 蛍光物質の合成 ——

# 6 章　電気をとおすプラスチックの合成
## —— ノーベル賞と触媒 1 ——

# 7 章　Suzuki クロスカップリング
## —— ノーベル賞と触媒 2 ——

# 8章　よごれを分解する実験
## ── 光触媒 ──

# 9章　工業触媒の実験

---

**執　筆　分　担**

廣木一亮：2〜8章，ブレイク（7，9章）

里川重夫：1，9章，ブレイク（1，4，5章）

---

# 1 触媒について知ろう

　私たちが毎日のように使用している衣服や日用品，食べ物や飲み物，移動に使う電車や自動車，これらは私たちが豊かに生活していくために欠かせないモノ（製品）ばかりである。本章ではこれらのモノと触媒の関わりについて紹介する。

## 1.1　私たちの暮らしと触媒

　モノを作るには原料が必要である。私たちは原油や鉄鉱石などの地下資源，太陽光や水や植物など自然の恵みを原料にしてモノを作っている。ではどうやってそれらの原料からモノを作っているのだろうか。この問いには首をかしげてしまう人も多いと思う。じつは，本書のタイトルである触媒（catalyst）はさまざまな原料から生活に必要なモノを作るところで使われている。しかも驚くことに工場で生産される化学製品のほとんどは触媒を用いて作られており，触媒は原料からモノを作るために必要不可欠な道具といえる。

　触媒とは，それ自身は変化せずに化学反応を促進させるモノと定義されている[1]†。それは本当なのであろうか。どこでどのように使われているのだろうか。一般の人々の触媒に対するイメージを**図 1.1** に描いてみた。

　なぜ？　どうして？　はこのあと説明するとして，触媒は私たちの暮らしに欠かせないモノであることをわかっていただけたであろう。第 2 章からはモノ

---

†　肩付き数字は，巻末の文献番号を示す。

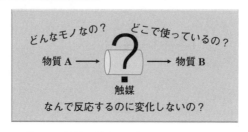

どんなモノなの？　どこで使っているの？

物質 A ⟶ ？ ⟶ 物質 B

触媒

なんで反応するのに変化しないの？

**図 1.1**　触媒に対する一般の人々のイメージ

づくりのための道具である触媒の効果を，直感的に感じるための簡単な化学実験をいくつか紹介する。その中から興味のある実験を試していただき，化学や触媒のすごさと面白さを実感していただきたい。その前に，本章では少しだけ触媒とはどんなモノであるかを解説する。

## 1.2　人工的に肥料を作る

　私たちの暮らしに最も大切なモノは食料である。食料を作るには肥料となるアンモニアが必要である。ではアンモニアはどのように作るのであろうか。アンモニアは植物の成長に欠かせない栄養素の一つであるが，天然資源からでは供給が不十分であった。1900 年代の初頭には，人類の持続的な発展のためには空気中の窒素からアンモニアを製造する技術の開発が必要であると警鐘が鳴らされた。

　そんな中ドイツのハーバーは理論的な解析から，窒素と水素からアンモニアを製造するには，それまで経験のないほどの超高圧条件にすることが必要であるが，適切な触媒を見出せれば達成できるのではないかと考えた。そして大変多くの実験を行った結果，現在でも使用されている二重促進鉄触媒（鉄にカルシウムやアルミナが混合された触媒）を開発した[2]。

　この技術を工業化するためにドイツのボッシュは化学プロセスにおける高温高圧製造技術を開発し，500℃以上，200 気圧という当時としては常識はずれの超高温高圧下で行うアンモニア製造技術を完成させた。その結果，空気中の

窒素から大量のアンモニアを製造できるようになり，大量の化学肥料が製造されて人類の持続的な発展のための食料生産に貢献した。二人には 1918 年および 1931 年にそれぞれノーベル化学賞が授与されている[1]。

現在では，天然ガスと水と空気をおもな原料として年間 1 億トンを超す大量のアンモニアが生産されており，その大部分は肥料生産のために使われている。また，化石燃料を用いずにアンモニアを合成する技術の研究開発も活発に行われており[3]，カーボンニュートラルな液体エネルギー燃料としての期待も高い。

## 1.3 石油を上手に利用する

人が豊かに暮らすためには燃料や多くの化学製品が必要である。18 世紀から始まった産業革命により石炭を燃料とした蒸気機関が作られ，それまで水車や風車といった自然エネルギーを利用していた機械などは，石炭を利用した蒸気機関に置き換えられていった。

そして石油の発見により化石資源は多様な使われ方をするようになる。石油をエネルギー資源として利用する場合，地中から掘り出された原油から不純物を取り除き，さらに使いやすい形に変換されてから使用する。原油は**図 1.2**に示す常圧蒸留装置で沸点別の成分に分離され，LP ガス，ガソリン，灯油，軽油，重油はそれぞれ燃料として利用される。

蒸留された成分の中から不要な元素である硫黄を除去するために，脱硫触媒

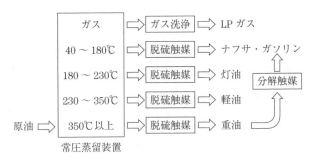

**図 1.2** 原油の処理方法と石油製品の種類

を用いて脱硫装置で分解し，燃料から硫黄を除去する。また需要の少ない重油から需要の多いガソリンを製造するために，ゼオライトを主成分とした接触分解触媒を用いた分解装置で重油を分解してガソリンを製造する[2]。

この接触分解触媒は世界中で最も多く製造されている触媒で，世界のガソリン供給に大きく貢献している。写真（**図 1.3**）の左にある黒く固まった重油から右の透明でサラサラしたガソリンを製造することができる。

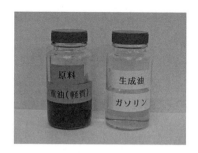

**図 1.3**　重油とガソリン

## 1.4　プラスチックや繊維を作る

石油がほかの化石資源に比べて優れている点はプラスチックや合成繊維など暮らしに必要なモノを容易に作れることである。ナフサと呼ばれる成分（原油の1割程度）を熱分解すると，エチレン $C_2H_4$，プロプレン $C_3H_6$，ブテン $C_4H_8$，ベンゼン $C_6H_6$，トルエン $C_7H_8$，キシレン $C_8H_{10}$ などプラスチックの部品となる化学物質が得られる。これらの部品を組み合わせていくことでプラスチックを作ることができる。これらを組み合わせていく過程で，触媒が重要な役割を果たしている。

エチレンばかりをつないでいくとポリエチレンというプラスチックを合成することができる。これはポリ袋の原料となる。以前は高温高圧でラジカル反応によってこれを合成していた。しかし，1953年にドイツのチーグラーは四塩化チタン $TiCl_4$ とトリエチルアルミニウム $Al(C_2H_5)_3$ を組み合わせた触媒が常

温常圧でエチレンを重合させ，直鎖状の品質の良いポリエチレンを作れること
を見出した。

　イタリアのナッタは四塩化チタンの代わりに三塩化チタン $TiCl_3$ を触媒に用
いることでプロピレンの重合によるポリプロピレンの合成に成功した。この方
法で合成するとポリプロピレンのメチル基の向きが一定のイソタクチック構造
（**図1.4**）になることから高品質なプラスチックを作ることができた [2),4)]。こ
れらの触媒の発明によりチーグラーとナッタには 1963 年にノーベル化学賞が
授与された。

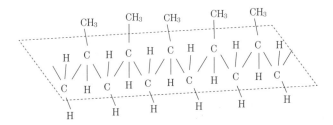

**図1.4**　イソタクチック構造のポリプロピレン

　このように石油から作った化学物質をプラスチックや合成繊維のようなモノ
にしていく過程でさまざまな触媒が使われている。触媒はモノを作り分けるた
めのガイドのような役割を果たしている。触媒を使って作ったモノはペレット
と呼ばれる粒々の形で化学工場から出荷され，その後は加熱による成型加工を
経て私たちの使うプラスチック製品となる（**図1.5**）。

**図1.5**　原料ペレットとプラスチック製品

## 1.5　空気をきれいにする

　触媒はモノを作るだけでなく壊すことにも使われる。自動車のエンジンから排出されるガスには，人体にとても有害なものがある。触媒はそれら有害ガスを無害なガスに分解する役割も担っている。じつはみなさんが乗っているすべての自動車には排気ガスを浄化する触媒が搭載されている。では，どのように触媒が使われているのであろうか。

　石油や石炭の燃焼による有害ガスの排出が大気汚染として顕在化したのは，1940 年代以降のことであった。カリフォルニアやロンドンで発生したスモッグによる人への健康被害もその一つである。スモッグとは煙（スモーク）と霧（フォグ）を合成した造語であり，そのおもな原因は自動車のエンジンから排出される窒素酸化物（NOx）や炭化水素であることがわかっている。そこで，燃料をきれいに燃やしたり有害物質を空気中に放出しないための技術開発が始まった。

　NOx はガソリンや軽油を燃焼させると必ず発生してしまう成分である。したがってエンジンから排出された NOx は自動車から外に排出される前に無害化する必要がある。NOx とともに排気ガスに含まれる代表的な有害ガスに一酸化炭素（CO）と炭化水素（HC）がある。これらをすべて無害化するには NOx は窒素へ還元し，CO と HC は二酸化炭素と水へ酸化する必要がある。すなわち酸化と還元を同時に行わなければならない。

　これを解決した技術が三元触媒法である。この方法は排気ガス中に含まれる有害ガスの濃度をたがいに最適な割合にしておくことで，有害ガスどうしが触媒上で酸化還元反応を起こして無害化される方法である（**図 1.6**）。そのためにはいくつもの複雑な反応を瞬間的に進める必要があり，白金 Pt，ロジウム Rh，パラジウム Pd などの高価な貴金属を含む触媒が使われている。

　三元触媒は排気ガスをスムーズに排出するためにハニカム構造という蜂の巣状の穴の空いたセラミックスの壁面に触媒の粉を塗った独特な構造をしている

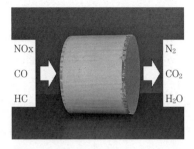

**図1.6**　排気ガス浄化触媒とその効果

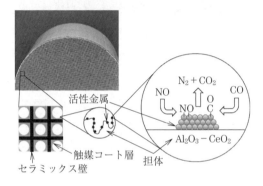

**図1.7**　ハニカム構造と触媒作用モデル

（**図1.7**）。

　このセラミックス壁の上に塗られた触媒の表面にはナノメートルサイズ[†]の活性金属という触媒成分がついている。ここに有害ガスがくっついて反応することで，無害なガスに変換されるのである[2]。エンジンから出た排気ガスは排気管によって自動車の後方まで運ばれる。触媒は排気管の途中に取り付けられており，通常は自動車の床下にあるので見ることはできない。このような触媒を用いることで自動車から排出されるガスにはほとんど有害ガスは含まれず，さらには吸い込んだ空気よりもキレイなガスを排出する自動車まである。まさに空気清浄機の役割も果たしているのだ。

　このように，触媒は目に見えないところで食料やモノを作るためや環境汚染を防ぐために使われ，重要な役割を果たしているのである。

---

† 　$10^{-9}$ m＝10億分の1 m程度のサイズのこと。

## ■ブレイク　私たちの未来と触媒

　ここまで私たちの暮らしと触媒の関わりについて紹介したが，これからもそれは変わらないであろうか。じつは，これからはそれ以上に触媒の役割は増えてくることが予想される。

　2015年のパリ協定では二酸化炭素排出量の大幅削減に向けて世界規模で連携していくことが確認された。温暖化の影響を最小限にとどめるためには，人為的な二酸化炭素発生量を実質ゼロにすることが目標とされている。この目標を達成するためには太陽光，風力，水力といった自然エネルギーを利用し，それと同時に石油の消費量も実質ゼロにする必要があると考えられる。

　さまざまなモノの原料である石油が利用できなくなるとすると，プラスチックや合成繊維はどのように作ればよいのであろうか。図 1.8 に再生可能エネルギーを利用した燃料・化学品製造の未来像を示す。自然エネルギーから得られるのは電力のみであり，それだけでは化学品は作れない。そこで，モノ作りの原料には地球上に豊富に存在する水 $H_2O$，窒素 $N_2$，二酸化炭素 $CO_2$ を用いることが考えられる。そしてこのようなことを実現するには新たな化学プロセスの開発が必要となり，また新しい触媒を生み出すことが必要になってくるわけである。

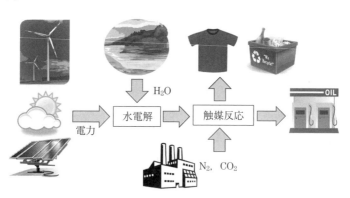

**図 1.8**　再生可能エネルギーを利用した燃料・化学品製造の未来像

# 2 触媒とはなにかを体感する実験
## ——過酸化水素の分解——

　1章を読んだ方は触媒がいかに身近で便利な存在か，理解されたことと思う。しかし触媒のしくみやはたらきについては「わかったような気がする……」というのが読者の本音ではないだろうか。本章はそんな読者の皆さんのために，触媒とはなにかを「直感的に」理解するための実験を紹介する。

## 2.1　過酸化水素の分解

　小学校高学年になると理科の内容がだんだん高度になってくる。なかでも特に難易度が高く，一定の年齢以上の人にとって印象も強いであろう実験は「酸素の発生と捕集」ではないだろうか。残念ながら最近の小学校では扱われなくなったようだが，「オキシドールに二酸化マンガン[†]を入れると酸素が発生する」という実験のことである。この一見，簡単そうな実験はとても奥が深く，いろいろなことを私たちに教えてくれる。

　この実験で起こっている過酸化水素の分解を化学反応式で表すとつぎのようになる。

$$2H_2O_2 \rightarrow 2H_2O + O_2$$

　オキシドールは，言わずもがな薄い過酸化水素水（日本薬局方によれば2.5

---

[†]　二酸化マンガン $MnO_2$ を酸化マンガン（Ⅳ）と表記することがある。本書でも以下，酸化マンガン（Ⅳ）と表記する。

〜3.5 w/v†) である。年配の方にはよく知られた傷口の消毒・洗浄剤であるが，正直なところ消毒薬としては筆者もあまりなじみがない。とにかく傷にしみたそうであるが，最近はなかなか目にすることがなく，実際この実験で初めてオキシドールを知る人も少なくない。

　それはさておき，小学校におけるこの実験はある一つの重大な事実を指摘しているにも関わらず，それを伝えればもっと面白いのに……というある一つの事実を伝えていないことが悔やまれる。それは触媒である酸化マンガン（Ⅳ）を入れなくても，過酸化水素は自ら分解するのだということである。ただし，目には見えないくらい非常にゆっくりとしたスピードで。この前提があってこそ，触媒「酸化マンガン（Ⅳ）」が特定の化学反応を促進するという役割が際立ち，この実験で多くを学ぶことができるのである。

## 2.2　実　　　　　験

【実験動画】　本章で紹介する実験の動画を用意した。左記の QR コードを読み込むか，コロナ社の web ページ（https://www.coronasha.co.jp/）の本書の紹介ページから見ることができる。

【レベル】小学3年生以上

【実験場所】理科室・実験室・科学館

【実験時間】約30分（準備・後片付けを除く）

　この実験は下準備さえしっかりしておけば，100 ％の成功を保証できる。試薬も器具も手に入りやすいものばかりで，小学校とは言わないまでも中学校の理科でも取り上げてくれないのを不思議に思うくらいである。

---

　　†　w/v は重量体積パーセントであることを示す。2.5 w/v の過酸化水素水とは，2.5 g の過酸化水素 $H_2O_2$ が溶液 100 mL の中に溶けていることを意味する。以下，本書では溶液の濃度を重量体積パーセント w/v で示すこととし，記号は％で表す。濃度の表し方は重量パーセント w/v のほかに，重量パーセント w/w，体積パーセント v/v もある。

　実験はとても簡単。3％の過酸化水素水（オキシドール）をまずはなにも入れずに，じっくり観察する。見た目は水とほとんど変わらないが，注意深く見ると小さな気泡が見えたり見えなかったりする。つぎに触媒である酸化マンガン（Ⅳ）を入れて，しばらく観察し，取り出す……ただ，それだけ。

　この実験最大の特徴は，必ず「塊状の」酸化マンガン（Ⅳ）を用いることである。通常の化学実験室では粉末状の酸化マンガン（Ⅳ）を用いることも多いのだが，本実験では粉末状だと都合が悪いのである（**図2.1**）。なぜなら，粉末状だと「入れる」と「観察する」は簡単でも，「取り出す」のは容易ではないからである。つまり，ピンセットなどで触媒を容易に出したり入れたりできるよう「塊状」であるところが重要なのである。

**図2.1**　塊状（左）と粉末状（右）の
酸化マンガン（Ⅳ）

　この実験が教えてくれる事実は単純明快である。触媒があるときは反応が激しく起こり，触媒がないときはそれが急に止まって見えることから，触媒とは「特定の化学反応を著しく促進する物質である」ことを直感的に理解できる。さらには，塊状の固体触媒を何度出し入れしても触媒としての作用を失わないことから，触媒は反応の前後で質的，量的に変化しないことも直感的に理解できるだろう。

　その点でこの実験は，これ自体がメインというよりは触媒に関する実験教室のいわば「前座」を務めてくれるように思う。すなわち，簡単な実験で肩慣らししながら触媒についての理解を深め，その上でさらに高度な実験を行うという戦略である。かつて筆者が科学コミュニケーターとして勤務した東京お台場

の日本科学未来館でも，触媒に関する実験教室の折には，必ずこの実験を前座に据えた。いきなり「触媒とは……」などと難しい話をするよりも，「習うより慣れろ」と言われるように，まさに本書のタイトルにある「実験でわかる触媒」を目指したのである。では早速，実験にとりかかろう。

**【器具】**（図2.2）

　□コニカルビーカー（100 mL 用）……2（☞ **Point 1**）

　□時計皿（約 90$\phi$[†1]）……1

　□ピンセット……1

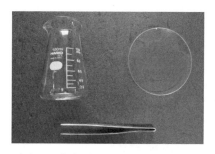

左上から時計回りにコニカルビーカー，
時計皿，ピンセット
　　　**図2.2**　実験で使用する器具

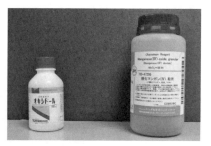

左がオキシドール，
右が酸化マンガン（Ⅳ）塊状
　　**図2.3**　実験で使用する試薬

**【試薬】**（図2.3）

　□オキシドール（$H_2O_2$：式量[†2]34.01）過酸化水素の約 3 ％水溶液（☞ **Point 2**）

　□酸化マンガン（Ⅳ）（$MnO_2$：式量 86.94）塊状，前処理が必要（☞ **Point 3**）

　□純水（$H_2O$：式量 18.01）密度 1.00 g/cm³，蒸留水またはイオン交換水

**【実験操作】**

　本実験は非常に単純な実験であるが，それゆえに慎重な観察が求められる。

**Step 1**　水とオキシドールを比較する

　二つのコニカルビーカーを用意して，一方に純水，もう一方にオキシドール

---

†1　$\phi$ は円形のものの直径を意味する。単位は通常 mm である。

†2　化学式中の各原子量の総和のこと。式量に g/mol をつけるとモル質量になり，これに物質量（mol）をかけ合わせると反応に必要な質量を計算できる。

をそれぞれ容器の内壁を伝わらせるようにして，そっと約 50 mL 注ぎ込む（**図 2.4**）。つぎに両者をよく観察する（**図 2.5**）。

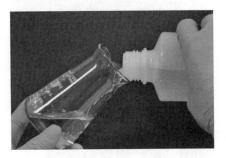

**図 2.4**　ビーカーに液体を静かに注ぐ方法

オキシドールに小さな気泡が確認できる。

**図 2.5**　液体の観察

**Step 2**　触媒（酸化マンガン）を入れる

　時計皿にピンセットを使って触媒の酸化マンガン（IV）の塊（目安として 10 mm 角）を 2 個のせる。そのうち 1 個を純水が入ったコニカルビーカーに，もう 1 個をオキシドールが入ったコニカルビーカーにそれぞれ入れる。このとき，酸化マンガン（IV）の塊は上から落とすのではなく，コニカルビーカーの内壁に沿わせて滑り落とすように入れると，容器を割る危険が少ない（**図 2.6**）。そして，二つのコニカルビーカーの中の様子を観察する（**図 2.7**）。

**Step 3**　触媒（酸化マンガン）を取り出す

　二つのコニカルビーカーからピンセットを使って酸化マンガン（IV）の塊を

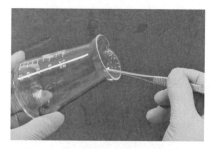

**図2.6** 酸化マンガン（Ⅳ）の入れ方

純水は変化なし，オキシドールは激しく分解され酸素を発生している。

（a） 純 水    （b） オキシドール

**図2.7** 触媒を入れたときの純水とオキシドールの様子

どちらも激しい反応は起きていない。

（a） 純 水    （b） オキシドール

**図2.8** 触媒を取り出した後の純水とオキシドールの様子

取り出し，時計皿にのせる。触媒がなくなった状態にある二つのコニカルビーカーの中の様子を観察する（**図2.8**）。

**Step 4**　再び触媒（酸化マンガン（Ⅳ））を入れる

　時計皿に取り出した触媒の酸化マンガン（Ⅳ）の塊を，再び純水が入ったコニカルビーカーと，オキシドールが入ったコニカルビーカーにそれぞれ入れ，二つのコニカルビーカーの中の様子を観察する（**図2.9**）。

純水は変化なし，オキシドールは激しく分解され酸素を発生している。

（ａ）　純　水　　　　（ｂ）　オキシドール

**図2.9**　再び触媒を入れたときの純水とオキシドール
　　　の様子

**Step 5**　再び触媒（酸化マンガン（Ⅳ））を取り出す

　再度二つのコニカルビーカーからピンセットを使って酸化マンガン（Ⅳ）の塊を取り出し，時計皿にのせる。触媒がなくなった状態にある二つのコニカルビーカーの中の様子を観察する（**図2.10**）。

　理解度に応じて，さらに繰り返すのもよい。くどいようだが，この実験の目的は触媒のはたらきを直感的にとらえてもらうことなので，理屈で教えようとしないことが肝要である。

【実験のコツと注意点】

**Point 1**　反応容器について

　筆者が試した限り，コニカルビーカーが最も使いやすかった。通常，気体発

どちらも激しい反応は
起きていない。

（ a ）　純　水　　　　（ b ）　オキシドール

**図 2.10**　再び触媒を取り出した後の純水と
オキシドールの様子

生反応には試験管やフラスコが用いられることが多いのであるが，ここでは酸
素の捕集が目的ではないので，これらの容器にこだわる必要はない。むしろピ
ンセットで酸化マンガン（Ⅳ）を取り出すことを考えると，これら細口の容器
は不向きである。それらに代わって，反応容器としては反応が激しくても内容
物が跳ねたりこぼれたりしにくいコニカルビーカーがあれば理想的である。ほ
かにも気体の発生が見やすいトールビーカーもよい。ただコニカルビーカーも
トールビーカーもどこにでもある容器ではないので，そこは臨機応変に小ぶり
なビーカー（容量 100 mL）でも実験そのものは可能である（**図 2.11**）。

左からトールビーカー，コニカルビーカー，
ふつうのビーカー

**図 2.11**　反応容器のいろいろ

**Point 2**　オキシドールについて

　オキシドールは消毒薬として薬局やドラッグストア，最近では 100 円ショップでも購入できる。本格的な化学実験室をもたない場合は，これを利用することが望ましい。

　過酸化水素は無色でシロップ状の液体（融点 −0.89℃，沸点 152.1℃，密度 1.465 g/cm³）である。研究室では 35 ％の過酸化水素水（通称：過水という）を購入し，必要に応じて希釈して用いる。ただ濃い過酸化水素水は**医薬用外劇物（劇物）**に指定されており，**管理と使用に特別の注意を要する**試薬である。濃い過酸化水素水は**強い酸化作用**を持つので，もしこれを希釈して用いる場合は慎重に作業を行うとともに，**皮膚についたり，目に入ったりした場合はただちに大量の水で洗い流し，医師の診察を必ず受ける**こと。ちなみに 35 ％の過酸化水素水が手にはねると，付着した部分が白くなって，チクチクと痛んでくる。慌てて水で洗い流すわけであるが，保護具の着用を怠ると文字どおり痛い思いをすることになる。

**Point 3**　あれっ？　取り出してもアワ出るじゃん！？

　**これは最重要のポイント**。実験前に欠かせない作業がある。それは酸化マンガン（Ⅳ）の水洗である。試薬で買った塊状の酸化マンガン（Ⅳ）は表面に粉

**図 2.12**　触媒を取り出しても酸素が発生する様子

末状の酸化マンガン（Ⅳ）が付着していて，これをそのまま実験に用いると，オキシドールに入れた際に粉末状の酸化マンガン（Ⅳ）が剥がれ落ちてしまう。その結果，触媒である塊状の酸化マンガン（Ⅳ）を取り出しても酸素の発生が止まらないという事態が起こる（**図2.12**）。これでは触媒を感じるというこの実験の効果が薄れてしまう。

　そこで，実験に用いる前に適当な大きさの酸化マンガン（Ⅳ）の塊を選んで純水に漬け，黒い粉が出なくなるまで歯ブラシなどで擦って水洗する。念には念をということで，筆者は超音波洗浄機まで使って，徹底的に水洗する（**図2.13**）。

　もちろんそれで終わってはいけない。実際にオキシドールに入れたり出したりしてみて，触媒の有無でメリハリのついた反応が観察できることを確認しておくことをお忘れなく。

**図2.13**　塊状酸化マンガン（Ⅳ）の水洗

# 3 触媒のしくみを観察する実験
## ——B-Z反応——

　2章の実験をとおして，触媒によって化学反応が促進されることを直感的に学ぶことができたと思う。しかし触媒はいかにして，化学反応を促進することができるのか，また触媒は化学反応の前後で変化しないというが，果たしてそんなことが可能であろうか。本章では視覚に訴える美しい反応によってそんな疑問に答え，触媒のしくみについて「直感的に」理解するための実験を紹介する。

## 3.1 B-Z 反 応

　旧ソ連のB.ベローゾフ（1893 ～ 1970）が代謝に関する生化学的な研究を行っている際に，セリウムを含む反応液の色が無色と黄色とを周期的に繰り返すような変化をすることを見出した[5]。この発見に興味をもったA.ジャボチンスキー（1938 ～ 2008）は，さらにこの反応に関する詳細な研究を行った[6]。この反応はジャボチンスキーの研究発表によって世に広く知られるようになり，ベローゾフ・ジャボチンスキー反応，略してB-Z反応と呼ばれるようになった。

　B-Z反応には複数のバリエーションがあり，色の変化もさまざまである[7],[8]。反応メカニズムはとても複雑で実験入門書たる本書の領域を超えている感もある。しかし，触媒の仕組みを理解する上で興味深い反応であるので，文献[9]の反応式と解説をもとに，本章で扱うマロン酸，臭素酸ナトリウム，臭化ナトリウムを用いた鉄イオンの2価（$Fe^{2+}$）と3価（$Fe^{3+}$）の酸化還元反応について説明する。

〔B-Z 反応のメカニズム ①〕

$$\left.\begin{array}{l} BrO_3^- + Br^- + 2H^+ \rightarrow HBrO_2 + HOBr \\[4pt] HBrO_2 + Br^- + H^+ \rightarrow 2HOBr \\[4pt] HOBr + Br^- + H^+ \rightarrow Br_2 + H_2O \end{array}\right\} \tag{3.1}$$

　まず式（3.1）に示したように臭素酸イオン $BrO_3^-$ が臭化物イオン $Br^-$ を酸化して臭素 $Br_2$ が生成する。この反応が進むと $Br^-$ の濃度が減少し，亜臭素酸イオン $BrO_2^-$ の濃度が増加する。式（3.1）の反応の速度が減少し，結果的に $BrO_2^-$ を使う式（3.2）に示す反応の速度が上昇する。

〔B-Z 反応のメカニズム ②〕

$$\left.\begin{array}{l} BrO_3^- + HBrO_2 + H^+ \rightarrow 2BrO_2 + HOBr \\[4pt] BrO_2 + Fe^{2+} + H^+ \rightarrow HBrO_2 + Fe^{3+} \\[4pt] H_2BrO_2 \qquad\qquad \rightarrow BrO_3 + HOBr + H^+ \end{array}\right\} \tag{3.2}$$

　式（3.2）の反応で 2 価の鉄イオン $Fe^{2+}$ が 3 価の鉄イオン $Fe^{3+}$ に酸化され，溶液の色は赤色から青色へと変化する。この反応は触媒サイクルであって，一度反応が始まると反応速度が急激に上昇する。2 価の鉄イオン $Fe^{2+}$ が減り，3 価の鉄イオン $Fe^{3+}$ が増加すると，式（3.2）の反応の速度は減少し，今度は式（3.3）に示す反応の速度が上昇する。

〔B-Z 反応のメカニズム ③（MA はマロン酸，f は化学量論因子を示す。）〕

$$\left.\begin{array}{l} MA + Br_2 \rightarrow BrMA + Br^- + H^+ \\[4pt] 2Fe^{3+} + MA + BrMA \rightarrow fBr^- + Fe^{2+} \end{array}\right\} \tag{3.3}$$

　式（3.3）の反応では 3 価の鉄イオン $Fe^{3+}$ がマロン酸を消費しながら 2 価の鉄イオン $Fe^{2+}$ に還元されて，溶液は青色から赤色へと変化する。それと同時に $Br^-$ が再生する。3 価の鉄イオン $Fe^{3+}$ が減って，2 価の鉄イオン $Fe^{2+}$ が増え，なおかつ $Br^-$ が再生されることにより，式（3.3）の反応速度は減少し，再び式（3.2）の反応が増加する。その結果，マロン酸が消費され尽くすまで，式（3.2）と式（3.3）の反応が交互に繰り返し，溶液は赤色になったり，青色になったりと周期的に変化するわけである。

　もっと知りたい方は詳しい文献 [10] をあたって欲しい。マロン酸 $CH_2(COOH)_2$

と臭素酸ナトリウム $NaBrO_3$ を用いた B-Z 反応の最終的な反応式は以下のとおりである。実際に反応終了後は，発生した二酸化炭素 $CO_2$ の気泡が観察できる。

$$3CH_2(COOH)_2 + 4BrO_3^- \rightarrow 4Br^- + 9CO_2 + 6H_2O$$

　ここまで見てきたように，B-Z 反応が進行するためには触媒として作用する金属塩を加える必要がある。金属塩に鉄（II）イオン $Fe^{2+}$ の **1,10-フェナントロリン錯体**（フェロイン，ferroin）を用いると，式 (3.1)，式 (3.2)，式 (3.3) に示した複雑なメカニズムで，鉄イオンが 2 価（$Fe^{2+}$）と 3 価（$Fe^{3+}$）とを行き来しながら酸化還元を繰り返し，B-Z 反応が進行する。このとき $Fe^{2+}$ 錯体の赤色と $Fe^{3+}$ 錯体の青色とが周期的かつ交互に現れることから，振動反応，時計反応またはリズム反応などと呼ばれている。

　よく「触媒は化学反応しない」と言う人がいるが，この表現は厳密さを欠いている。より正確には，触媒も化学反応してはいるが，もとに戻るのである。B-Z 反応で観察できる赤色と青色の繰り返しも，触媒が化学反応の中で反応してはもとに戻るからこそ，その様子が観察できるのである。B-Z 反応は色の変化が鮮やかで美しく，触媒の反応サイクルを視覚的にとらえることができる，じつに魅力的な化学実験である。

　そのせいか，スーパーサイエンスハイスクール（SSH）の研究テーマにもしばしば選ばれる。驚くべきことだが，一度終了したと思われた B-Z 反応が 5 ～20 時間放置すると再開した例がある。この現象を見出した SSH の教師と生徒が，専門誌にその成果を発表したのは記憶に新しい [11]。

　また，触媒学会 50 周年を記念して行われた科学イベント「CATALYSIS PARK（キャタリシス・パーク）」では「時間振動実験」として取り上げられ，大いに人気を博した [12]。

# 3.2 実 験

**【実験動画】** 本章で紹介する実験の動画を用意した。左記の QR コードを読み込むか，コロナ社の web ページ（https://www.corona sha.co.jp/）の本書の紹介ページから見ることができる。

**【レベル】** 小学 3 年生以上

**【実験場所】** 理科室・実験室・科学館（広い場所で風通しを良くして行うこと）
　　　　　　　**なお，通気の悪い場所での実験は厳禁とする。**

**【実験時間】** 約 30 分（準備・後片付けを除く）

　この実験は試薬の種類が多く，わずかながら刺激臭と毒性をもつ臭素が発生することから，化学実験の知識と経験が豊富な専門家の指導の下で行うことを推奨する。

　また，実験室の通気を良くして行うことは当然として，必要に応じて局所排気装置であるドラフトチャンバー（**図 3.1**）を用いることが望ましい。万が一，実験中に気分が悪くなった場合はただちに実験室から出て，回復するまで新鮮な空気を吸うことが大事である。

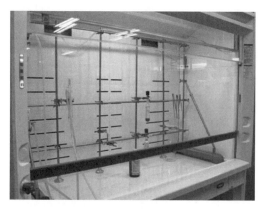

**図 3.1** ドラフトチャンバー

　B-Z 反応は実験方法にもいくつか手法がある。ここでは調製する溶液の種類は多いものの，直前まで臭素の発生を防ぐことができ，失敗も少ないという理由で，CATALYSIS PARK[12)]で用いられた実験方法をもとに新たに構成したものを紹介する。では早速，実験にとりかかろう。

【**器具**】（**図 3.2** および**図 3.3**）

□コニカルビーカー（100 mL 用，なければ三角フラスコ）……1

□ビーカー（100 mL 用）……1

□メスシリンダー（50 mL 用または 100 mL 用）……1

□試験管……4 〜 5

□マグネチックスターラー……1

□ホットプレート（または加熱機能付きマグネチックスターラー）……1

□テフロン撹拌子（棒状，容器の大きさに合わせて選ぶ）……1

□シャーレ（ガラス製，約 90φ）……1

□駒込ピペット（5 mL 用）……6

□食品用ラップ……1

□清浄な針……1

※マグネチックスターラーがないときは，テフロン撹拌子の代わりにガラス棒でしっかりかき混ぜる。

左がホットプレート，右がマグネチックスターラー

**図 3.2**　実験で使用する器具 ①

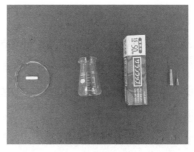

左からシャーレに入れたテフロン撹拌子，コニカルビーカー，食品用ラップ，針

**図 3.3**　実験で使用する器具 ②

左から臭素酸ナトリウム，臭化ナトリウム，
マロン酸，1,10-フェナントロリン一水和物
**図3.4**　実験で使用する試薬 ①

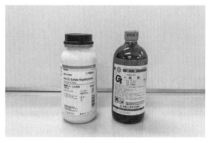

左から硫酸鉄（Ⅱ）七水和物，硫酸
**図3.5**　実験で使用する試薬 ②

## 【試薬】（図3.4 および図3.5）

□臭素酸ナトリウム（NaBrO$_3$：式量 150.89）無色結晶

□臭化ナトリウム（NaBr：式量 102.89）無色結晶

□マロン酸（CH$_2$(COOH)$_2$：式量 104.06）無色結晶

□1,10-フェナントロリン一水和物（C$_{12}$H$_8$N$_2$·H$_2$O：式量 198.22）無色結晶

□硫酸鉄（Ⅱ）七水和物（FeSO$_4$·H$_2$O：式量 278.01）淡青色結晶

□硫酸（H$_2$SO$_4$：式量 98.08）密度 1.84 g/cm³，吸湿性，水に溶けて強酸性

□純水（H$_2$O：式量 18.01）密度 1.00 g/cm³，蒸留水またはイオン交換水

## 【実験操作】

本実験はいくつか注意すべき点があり，慎重な観察が求められる。

**Step 0**　事前準備（図3.6）（☞ **Point 1**）

（溶液調製）A・B・C・E 液は試験管，D はビーカーで作る

**A 液　臭素酸ナトリウム水溶液**　　臭素酸ナトリウム 1.1 g（7.3 mmol†）を
純水 8.0 mL に溶解する。

**B 液　臭化ナトリウム水溶液**　　臭化ナトリウム 0.10 g（0.97 mmol）を純水
4.0 mL に溶解する。

**C 液　マロン酸水溶液**　　マロン酸 0.20 g（1.9 mmol）を純水 8.0 mL に溶解
する。

---

†　mmol（ミリモル）は mol の 1/1 000 を表す単位である。

（a）　A液

（b）B液

（c）　C液

（d）D液

（e）E液

**図3.6**　実験で使用する水溶液

**図3.7**　市販の
フェロイン溶液

**D 液　3 M**†**硫酸水溶液（希硫酸）**　　濃硫酸（18 M）1.0 mL を純水で希釈して，全体を 6.0 mL にする（☞ **Point 1**）。もしくは市販の 3 M 硫酸をそのまま用いる。

**E 液　0.25 M　1,10 - フェナントロリン鉄（Ⅱ）錯体水溶液**（0.25 M フェロイン溶液）　　1,10 - フェナントロリン 0.20 g（1.0 mmol），硫酸鉄（Ⅱ）七水和物 0.10 g（3.6 mmol）を純水 4.0 mL に溶解する。もしくは市販の 0.25 M フェロイン溶液（**図3.7**）をそのまま用いる。

（ホットプレートの設定）

　実験開始前にホットプレートの温度設定を 40 ℃にして，保温しておく。

**Step 1**　混合溶液の調製

　テフロン撹拌子を入れたコニカルビーカーに A 液 2.0 mL と C 液 2.0 mL，

**図3.8**　混合溶液の様子

---

†　M はモル濃度の単位である。モル濃度とは，溶液単位体積当りに含まれる溶質の物質量（モル数）で表される濃度である。3 M の溶液には，1 L の溶液中に 3 mol の溶質が含まれている。なお，SI ではモル濃度は $mol/m^3$ という単位で表し，3 M は $3 \times 10^3 \ mol/m^3$ となる。

D液1.0 mLを加えて，マグネチックスターラーで撹拌しながら混合する（**図3.8**）。

**Step 2**　B液の混合

　Step 1で調製した溶液にB液1.0 mLを加えてさらに撹拌する。このとき，溶液の色が薄い褐色に変化し，臭素ガスが発生する（☞ **Point 3**）。溶液の色が無色になるまで撹拌した後，食品用ラップで密封しておく（この溶液をF液とする）（**図3.9**）。

（ a ）　B液混合直後の溶液　　　　　　（ b ）　無色になった溶液

**図3.9**　混合溶液の様子

**Step 3**　溶液の加熱

　Step 2で調製したF液をシャーレに入れ，40℃に保ったホットプレート上にのせて1〜2分加熱する（**図3.10**）。

**図3.10**　溶液の加熱

（ a ）E液混合直後の溶液　　　　　　（ b ）静置した溶液

**図3.11**　E液の混合と静置

**Step 4**　E 液の混合と静置

Step 3 の加熱が終わったら，シャーレをホットプレートから外して，E 液
2.0 mL を加え，溶液が青色になるまで静置する（**図 3.11**）。

**Step 5**　B-Z 反応の開始

溶液の色が均一になり液面の揺れが止まったら，40 ℃のホットプレート上
に戻す。シャーレを開けて，針で液面に刺激を与え，観察する（**図 3.12**）。

**図 3.12**（口絵 1（a））　針による刺激

刺激を与えた時点から振動が始まり，シャーレの中に赤色と青色の美しい模
様が観察できる（**図 3.13**）。ここに現れる赤色は Fe（Ⅱ）錯体，青色は Fe（Ⅲ）
錯体の発色で，移動していく模様を追いかけずに同じ点を観察していると，そ
こでは $Fe^{2+}$ 錯体と $Fe^{3+}$ 錯体が周期的に現れてくることがわかる。これは，酸
化還元を繰り返す触媒の反応サイクルにほかならない。

なお，衝撃などで模様が乱れた場合には，溶液全体を混ぜて均一にしてから

**図 3.13**（口絵 1（b））　B-Z 反応が描き出す美しい模様

再び静置すればよい。また美しい模様が観察できるようになるだろう。

## 【実験のコツと注意点】

### Point 1　「いかにも化学者っぽい」演出

　Step 0 の準備では，たくさん溶液を作る必要がある。時間に制限がある場合や演示実験する場合はあらかじめ溶液を作っておくのがよいが，例えば実験室で 2 時間の実験教室を企画するなら，溶液を参加者に作ってもらうというのはいかがだろうか。危険な硫酸は除くとしても，塩の溶液などは一般の方に調製してもらってもまったく問題ない。あるいは参加者を何班かに分けて，1 班は臭素酸ナトリウム水溶液，2 班は臭化ナトリウム水溶液……といったように分担してもよいだろう。なかでも 1,10-フェナントロリン鉄（Ⅱ）錯体水溶液の鮮やかな赤色の発色に驚く参加者が多い。

　天秤やピペットを使って量り，試験管やビーカーを使って混ぜ，塩が溶けたり色が変わったりする。じつは参加者は「いかにも化学者っぽい操作」をやりたがることが多いので，こういった実験操作を増やすという演出は，とても喜ばれることが多い。

### Point 2　危険な硫酸の薄め方

　溶液を調製する際に，濃硫酸を薄めて 3 M 希硫酸（薄い硫酸）を作る必要がある。硫酸は**医薬用外劇物**で，**管理と使用に特別の注意を要する**試薬である。硫酸は水で薄めても**強い酸性**を示すので，**皮膚についたり，目に入ったりした場合はただちに大量の水で洗い流す**こと。また濃い硫酸には強い脱水作用があり，やけどのもとになる。硫酸は揮発しにくいので，薄い溶液であっても水が蒸発して濃縮されるので油断してはならない。おまけに衣服につくと穴を開けたりするので，特に取り扱いに注意を払うべき試薬である。

　また水で希釈する際に熱（水和熱）を発し，溶液が非常に高温になるので，それによるやけどにも注意する必要がある。

　実際の操作は，例えば今回の実験（3 M の硫酸を 6.0 mL）ならば，50 〜 100 mL 用のビーカーなど口の広い容器に蒸留水 5.0 mL を入れ，氷水で冷やしながら濃硫酸 1.0 mL をゆっくり加えていく（**図 3.14**）。そうして室温まで

**図 3.14** 硫酸の薄め方

冷えるのを待ってから使用する。

**Point 3**　臭素ガスの発生

　今回の B-Z 反応では酸化剤としての臭素の発生が，反応のスタートになっていた（式 (3.1)）。臭素（$Br_2$：式量 159.8，融点 = −7.3℃，沸点 = 58.8℃）は褐色の液体で，塩素に似た刺激臭（いわゆるプールの消毒の匂い）をもつ。常温常圧で唯一，液体の非金属元素で，塩素よりも毒性が強い。強い酸化作用をもつため，皮膚に付着するとジュクジュクとして治りにくい薬傷を作る。

　1 回の実験で発生する臭素の量は 0.16 g 程度であるが，白衣・ゴム手袋・保護メガネの着用は必須であるし，やはり本節冒頭で触れたように局所排気装置であるドラフトチャンバー（図 3.1）を用いることが望ましい。給気の都合上，部屋を閉め切って行わないことも重要で，とにかく換気に最大限の注意を払ってほしい。

# 香りを作る実験
## ──エステルの合成──

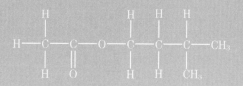

　2章と3章ではおもに視覚に強く訴えかける実験をとおして，触媒のしくみについて直感的に学ぶことができることを知った。では視覚以外に訴えかける化学実験はないものだろうか。本章は嗅覚に訴える実験によって，触媒のはたらきや利用について「直感的に」理解するための実験を紹介する。

## 4.1　香料合成と触媒

　私たちは日々の生活の中で，膨大な数の物質に接触している。なかには匂いをもった物質も多く，良い香りも嫌な匂いもある。良い香りの代表格として，花の芳しい香りや果物の甘い香りが挙げられるが，食品や日用品に用いられる香りは人工的に合成された香料である。香料の種類もまた膨大で，香りのエッセンスを抽出・分析し，特徴を誇張した結果，本物よりもそれらしい香りを生み出した例も少なくない。例えば，新鮮なイチゴよりイチゴらしい香りのストロベリーキャンディーや，淹れたてのコーヒーよりもコーヒーらしい味のコーヒーゼリーなど，読者の皆さんも一つや二つは心当たりがあるのではないだろうか。食品以外にも香水，芳香剤，石けんやシャンプーなど，香料はもはや私たちの生活に欠かせないものとなっている。ちなみに香料のうち，おもに食品に用いられるものをフレーバー，またおもに化粧品や石けんなどの食品以外に用いられる香料をフレグランスと呼ぶ[13]。

## 4.2 フィッシャーのエステル合成法

　香料に用いられる物質の一つにエステルと呼ばれる有機化合物がある。天然の果物にはさまざまなエステルが含まれており，それを人工的に合成したフルーツフレーバーにも多様なエステルが用いられている。エステルの合成法にはいくつかあるが，最もよく用いられるのがフィッシャーのエステル合成法である[14]。

　カルボン酸 R-COOH とアルコール R'-OH を酸触媒 $H^+$ によって脱水縮合反応させることでエステル R-COOR' を合成することができる（**図4.1**）。フィッシャーの名前こそないが，この反応は高校の教科書にも載っている。

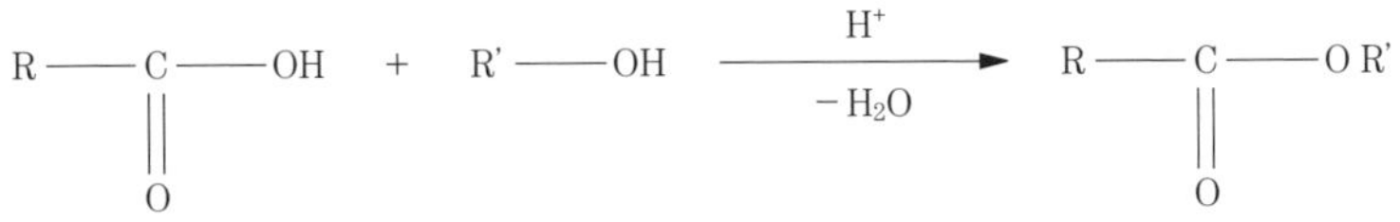

$$R - \underset{\underset{O}{\|}}{C} - OH \;+\; R' - OH \;\xrightarrow[-H_2O]{H^+}\; R - \underset{\underset{O}{\|}}{C} - OR'$$

**図4.1** フィッシャーのエステル合成法

　図の R-, R'-はメチル基 $CH_3$-やエチル基 $CH_3CH_2$-といったアルキル基を示す。例えば，R- $= CH_3$-, R'- $= CH_3CH_2$-ならばカルボン酸は酢酸 $CH_3COOH$，アルコールはエタノール $CH_3CH_2OH$ となり，フィッシャーの合成法でできるエステルは酢酸エチル $CH_3COOCH_2CH_3$ となる（**図4.2**）。

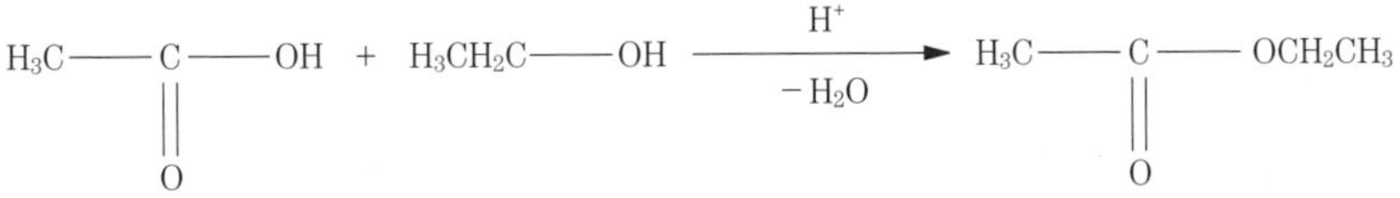

$$H_3C - \underset{\underset{O}{\|}}{C} - OH \;+\; H_3CH_2C - OH \;\xrightarrow[-H_2O]{H^+}\; H_3C - \underset{\underset{O}{\|}}{C} - OCH_2CH_3$$

**図4.2** 酢酸エチルの合成

　フィッシャーのエステル合成法で重要な役割を担うのが酸触媒である。酸触媒の代表格は硫酸 $H_2SO_4$ やスルホン酸 $R''-SO_3H$ であるが，実際どんなメカニズムで反応は促進されるのだろうか。少し複雑に感じるかもしれないが，触媒

の役割に着目して考えてみよう。反応は大きく分けて，つぎの三つのステージ
を経て完結する[†]。

　【ステージ1】　カルボン酸 R-COOH のプロトン化

　【ステージ2】　アルコール R'-OH による求核攻撃

　【ステージ3】　水の脱離

である。具体的に反応式を書いて説明しよう。

## 【ステージ1】　カルボン酸 R-COOH のプロトン化

　まず，カルボン酸の炭素と二重結合した酸素原子（カルボニル酸素という）が，
**図4.3** に示すように酸触媒の $H^+$ によってプロトン化され，カルボカチオン（正
の電荷をもった炭素原子，図の右側の［　　］内の真ん中の構造）ができる。
このとき，三つの構造の真ん中の $C^+$ は絶えず入れ替わっていて，カチオンの
位置は一か所に固定されず非局在化している。

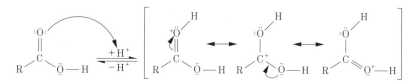

**図4.3**　カルボン酸 R-COOH のプロトン化

## 【ステージ2】　アルコール R'-OH による求核攻撃

　図4.3の［　　］内の状態になると，炭素原子はアルコールに含まれる酸
素原子による求核攻撃を受ける（**図4.4**）。さらに $H^+$ を失うことで四面体型中

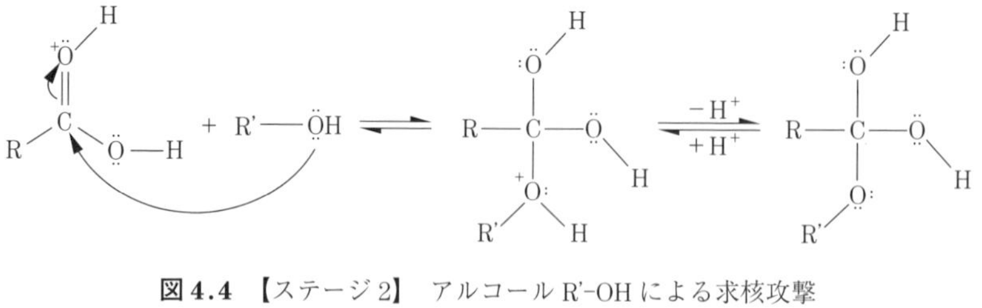

**図4.4**　【ステージ2】　アルコール R'-OH による求核攻撃

---

[†]　このことは，文献15）に挙げた2冊の有機化学の教科書に詳説されている。この2冊
　　は多色刷りでわかりやすく，筆者のおすすめ。

間体（図4.4の右端の構造）と呼ばれる，この反応において最も重要な分かれ道に至る。なぜなら四面体型中間体は，酸触媒の存在下で，スタート地点のカルボン酸 R-COOH に戻ることもできれば，さらに進んでゴール地点のエステル R-COOR' に達することもできるからだ。

## 【ステージ3】 水の脱離

図4.4は四面体型中間体の生成によってできた二つの分かれ道のうち，目的達成のハッピーエンドに至る道のりは，つぎのとおりである。ヒドロキシ基 -OH のどちらかがプロトン化されると，[　　]内の非局在化したカルボカチオンを経て，水が脱離しエステルができるのである（**図4.5**）。水が脱離し，分子と分子の間が縮み合わさって新しい物質ができることから，フィッシャーのエステル合成は典型的な脱水縮合反応であるといえる。

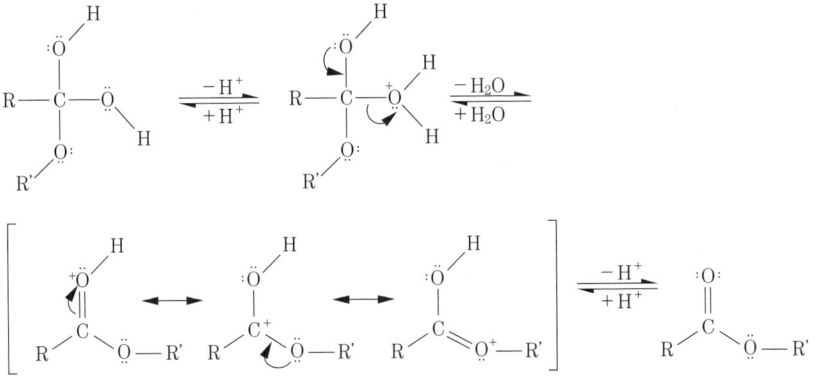

**図4.5** 【ステージ3】 水の脱離とエステル R-COOR' の生成

では，目的が達成できないアンハッピーエンドに至る道のりはというと，四面体型中間体から逆経路にさかのぼっていき，アルコール R'-OH を失ってカルボン酸 R-COOH，すなわちスタート地点に逆戻りというものだ。

いずれにしても反応のきっかけを与え，反応の要所で出入りして反応をせっせと仲介する酸触媒 $H^+$ の役割がいかに大きいかがわかっていただけただろうか。さらに重要なのは酸触媒 $H^+$ は一時的に反応するが，また脱離して $H^+$ は再生され，消え去ることがないということである。この反応・再生を繰り返す

触媒の反応サイクルを見れば，その重要性はおのずと納得できるだろう。

　このようにして触媒は反応を促進するが，触媒そのものはほとんど消費され
ず，触媒としてサイクルすることから，ほんのわずかに入れただけでも効果て
き面なのも頷けるというものである。

　さて，反応や触媒について詳しくなったところで，今度は反応に使う物質に
ついて紹介しよう。

　カルボン酸は R-COOH で表現される有機化合物である（**図4.6**）。カルボキ
シ基-COOH をもつことを特徴とし，骨格となるアルキル基 R- が短いとき，水
に溶けて弱酸性を示す。酢酸，クエン酸，乳酸など食品にも多く含まれるので，
なじみ深いものであろう。また R- が長いときは脂肪の一部をなしており，水
に溶けにくい。一般に脂肪酸と呼ばれるものがそれで，植物性のリノール酸，
オレイン酸，動物性のステアリン酸やパルミチン酸などがよく知られている。

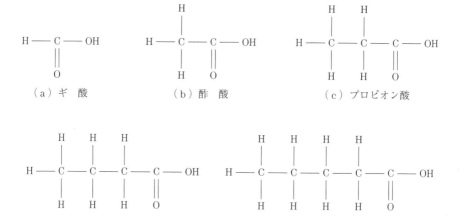

図4.6　代表的なカルボン酸

　では，カルボン酸の匂いはどうだろうか。比較的短いアルキル基 R- をもっ
たカルボン酸ははっきり言ってとても嫌な匂いがする。ギ酸 HCOOH（図（a））
は刺すような酸臭に加え，アルデヒド独特のムカムカするような匂いがする。

　料理に使う，おなじみの酢酸 $CH_3COOH$（図（b））は食酢に 3〜5％ほど

含まれるなじみ深いカルボン酸である。しかし実験で用いるのは，ほぼ100 %
の酢酸であり，あまりにも強烈な酢の匂いで，直接嗅ぐと鼻の奥に衝撃が走る。

　炭素数が増えてプロピオン酸 $C_2H_5COOH$（図（c））になると，いよいよ匂
いも凶暴さを増してきて，まるでゲロのような匂いがする！　学生時代はふざ
けて「ゲロピオン酸」と呼んでいたくらい。この辺から沸点も高くなり，手や
衣服に付いたら，取れにくいから厄介だ。

　もっと炭素数が増えて酪酸 $C_3H_7COOH$（図（d））になると，さらにひどい。
以前読んだ本には「ヤギの脇の下の匂い」とあったが，だれが嗅いでそう表現
したのか謎である。筆者には汗がすえた酸っぱい匂いに感じる。過激な環境保
護団体が捕鯨に反対して，日本の調査船に嫌がらせで酪酸の瓶を投げつけたこ
ともある。

　ますます炭素数が増えて吉草酸 $C_4H_9COOH$（図（e））になると，蒸れた足
の匂いがしてくる。実際，足の匂いに含まれるのは吉草酸の構造異性体である
イソ吉草酸なのだが，例えて言うならたっぷり汗をかいたスパイクを数日間，
高温多湿の場所で熟成したような……体育会系の方にはおなじみの……いや失
礼！　悪ノリするのはこのくらいにして，とにかくカルボン酸は悪臭がするの
である。

　一方，アルコールは R-OH で表現される有機化合物である（**図4.7**）。ヒド
ロキシ基-OH をもつことを特徴とし，骨格となるアルキル基 R- が短いときは
水に溶け，R- が長いときは水に溶けにくいのは，カルボン酸と同じ傾向をもつ。
毒性があるもののアルコールランプの燃料用に用いられるメタノール $CH_3OH$
（図（a）），お酒に含まれていて消毒用にも使用されるエタノール $C_2H_5OH$（図
（b））は特に身近なものだろう。

　さて，アルコールの匂いはどうだろう。おなじみのメタノール $CH_3OH$，エ
タノール $C_2H_5OH$ やプロパノール $C_3H_7OH$（図（c））くらいなら，まぁ消毒用
アルコールの匂いかなぁくらいで我慢できるが，ブタノール $C_4H_7OH$（図（d））
やペンタノール（図（e）），それ以上の炭素数の多いアルコールはお世辞にも
良い匂いとは言えない。

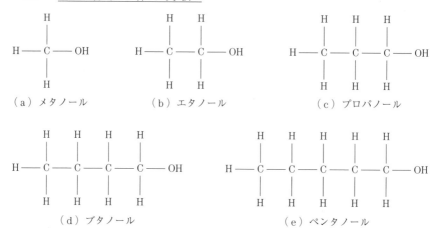

**図 4.7** 代表的なアルコール

　なるほど R- が長く，大きな分子ほど臭いのか……と思いきや，さらに分子量が大きく複雑な構造をもつフェニルエチルアルコール（**図 4.8**（a），フェネチルアルコールともいう）はバラやヒヤシンスの香りがして，香水や化粧品に用いられる。またリナロール（図（b））やゲラニオール（図（c））といったアルコールは，紅茶に含まれる成分であり，さわやかな香りがする。特にリナロールは柑橘系のベルガモットオイルに含まれていて，これを使って香りをつけた紅茶のアールグレイは有名である。

　ただし，これらは例外といってよく，多くのアルコールはあまり良い匂いがしないのである。

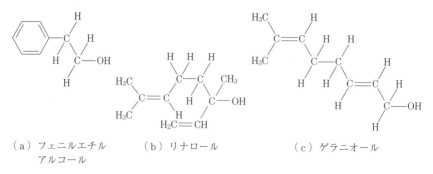

**図 4.8** 良い香りのするアルコール

　では，フィッシャー法（図4.1）によって，カルボン酸とアルコールから合成されるエステルの匂いはどうだろうか。意外かもしれないが，ともに悪臭の物質（カルボン酸とアルコール）が反応してできるエステルは，すさまじい悪臭とはならない。それどころか，エステルはまるでフルーツのような芳しい香りがするものが多い（**図4.9**）。例えば先ほどの酢酸（強烈な酢の匂い）とイソアミルアルコール（表現しがたいが鼻に残る嫌な匂い）から合成されるエステル，酢酸イソアミル（図（ c ））はバナナやリンゴなどに含まれており，豊かなフルーツのフレーバーとしてよく用いられる[13),16)]。ちょっとキツネにつままれたような話で信じられないかもしれないが，本当である。

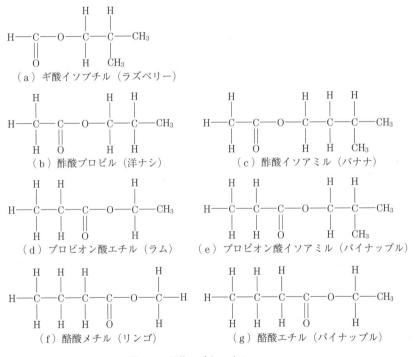

　（a）ギ酸イソブチル（ラズベリー）

　（b）酢酸プロビル（洋ナシ）　　　　（ c ）酢酸イソアミル（バナナ）

　（d）プロピオン酸エチル（ラム）　（ e ）プロピオン酸イソアミル（パイナップル）

　（ f ）酪酸メチル（リンゴ）　　　　（ g ）酪酸エチル（パイナップル）

**図4.9**　果物の香りのするエステル

　つまり，この実験の面白さは，顔をしかめたくなるような匂いのカルボン酸と，やはりお世辞にも芳香とは言い難いアルコールという二つの物質から芳しい果実香のエステルが合成できる点にある。すなわち，匂いのもとになる物質

が変化し，違う性質の別の物質ができるという化学反応の魔法のような側面を
匂いの変化で刺激的に表現している。

# 4.3　実　　　　　験

**【実験動画】**　本章で紹介する実験の動画を用意した。左記の QR
コードを読み込むか，コロナ社の web ページ（https://www.corona
sha.co.jp/）の本書の紹介ページから見ることができる。

**【レベル】** 小学 3 年生以上

**【実験場所】** 理科室・実験室・科学館（風通しを良くして行うこと）

**【実験時間】** 約 40 分（準備・後片付けを除く）

　この実験は揮発性や引火性が強い試薬が多いため，火気に充分に注意して，
化学実験の知識と経験が豊富な専門家の指導の下で行うことを推奨する。また
加熱装置のブロックバスはドラフトチャンバー（局所排気装置，図 3.1）内に
設置して実験を行うのが望ましいが，ドラフトチャンバーがない場合は広い部
屋で風通しを良くして行うこと。万が一，実験中に気分が悪くなった場合はた
だちに実験室から出て，回復するまで新鮮な空気を吸うことが大事である。

　カルボン酸とアルコールからエステルを合成するというのが本章の実験であ
るが，カルボン酸もアルコールも数多くあり，組み合わせはたくさん考えられ
る。では，どのように実験教室を構成したらよいだろうか。

　本章ではカルボン酸として酢酸を用いることにした。判断の理由は，劇物の
ギ酸は除くとして，プロピオン酸などもこぼしたりはねたりすると悪臭が残り，
後始末が大変であるからだ。反面，よく知られており，比較的安全で扱いやす
い酢酸は便利である。

　一方でアルコールにはバリエーションをもたせる。例えば複数のグループで
行うなら，アルコールの種類を自由に選んでもらう。すると合成したエステル
は，良い香りだったり，変な匂いだったり，たがいに比べ合うと盛り上がる。

　今回，実験に用いるアルコールは以下の6種類（**図4.10**）。炭素数3の1-プロパノール（図（a），$n$-プロピルアルコール，$^n$PrOH），それが枝分かれした2-プロパノール（図（b），$iso$-プロピルアルコール，$^i$PrOH），炭素数4の1-ブタノール（図（c），$n$-ブチルアルコール，$^n$BuOH），2-メチル-2-プロパノール（図（d），$tert$-ブチルアルコール，$^t$BuOH），さらに炭素数5の1-ペンタノール（図（e），$n$-ペンチルアルコール，$^n$PnOH）と3-メチル-1-ブタノール（図（f），$iso$-アミルアルコール，$^i$AmOH）である。グループ数によって増減するが，これらで行えば，失敗が少ない。

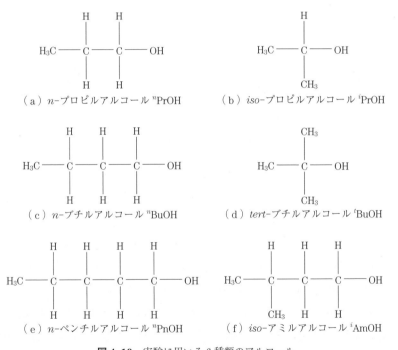

（a）$n$-プロピルアルコール $^n$PrOH　　　　（b）$iso$-プロピルアルコール $^i$PrOH

（c）$n$-ブチルアルコール $^n$BuOH　　　　（d）$tert$-ブチルアルコール $^t$BuOH

（e）$n$-ペンチルアルコール $^n$PnOH　　　　（f）$iso$-アミルアルコール $^i$AmOH

**図4.10**　実験に用いる6種類のアルコール

　酢酸とこれらのアルコールを各々反応させた時にできる酢酸エステルは以下の通りである（**図4.11**）。順に酢酸プロピル（図（a），$CH_3COO^nPr$），酢酸イソプロピル（図（b），$CH_3COO^iPr$），酢酸ブチル（図（c），$CH_3COO^nBu$），酢酸 $tert$-ブチル（図（d），$CH_3COO^tBu$），酢酸ペンチル（図（e），

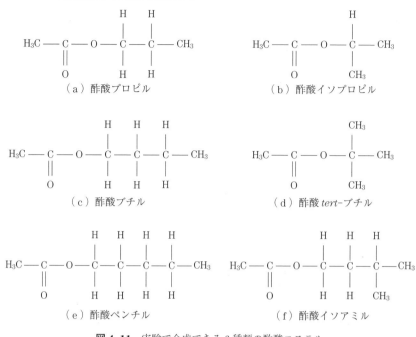

（a）酢酸プロピル　　　　　　　　（b）酢酸イソプロピル

（c）酢酸ブチル　　　　　　　　　（d）酢酸 *tert*-ブチル

（e）酢酸ペンチル　　　　　　　　（f）酢酸イソアミル

**図4.11**　実験で合成できる6種類の酢酸エステル

$CH_3COO^nPn$）および酢酸イソアミル（図（f），$CH_3COO^iAm$）である。

　触媒には濃硫酸 $H_2SO_4$ を使ってもよいが，危険性を考えると $p$-トルエンス
ルホン酸（**図4.12**，TsOH と略す）がおすすめである。有機合成実験の経験が
ある方には脱水縮合反応といえば定番の触媒であるし，固体であるため，液体
の硫酸より扱いやすい。また硫酸と違って，$p$-トルエンスルホン酸は劇物では
ないため，出かけて行って実験教室を行う際も歓迎される傾向がある。ただし，
硫酸同様に強酸であることを忘れてはならず，扱いには注意を払って欲しい。

　実際の反応は加熱する必要があるが，熱源としてブロックバス（**図4.13**）

（a）硫酸　　　（b）$p$-トルエンスルホン酸

**図4.12**　硫酸 $H_2SO_4$ と $p$-トルエンスルホン酸 TsOH

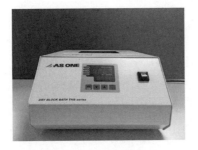

**図 4.13**　ブロックバス

という装置を推奨したい。これは反応容器に合わせて穴をうがったアルミブ
ロックを電気で加熱するもので，生物学の研究で試料を恒温に保つためによく
使われる装置である。もちろんウォーターバスやオイルバスを用いても構わな
いが，前者は 100 ℃ 以上に加熱できないし，後者はオイルの扱いが面倒であ
るという難点がある。その点，ブロックバスは機種にもよるが最高 200 ℃ ま
で加熱でき，AC100 V の電源さえあれば，火もオイルも使わずに加熱できる点
で非常に優れている。

　反応容器は試験管がよい。例えば 18×180 mm の共通すり合わせ（TS15/25）
付き試験管で，それに合わせて空気冷却管も用いる（**図 4.14**）。ブロックバス
には試験管にちょうど良いサイズの穴が開いており，ここに試験管を挿入して
反応を行う。ブロックバスの難点としては，反応中の容器の中が観察できない
点が挙げられるが，これもときどき試験管を持ち上げて観察すればすむことで
ある。

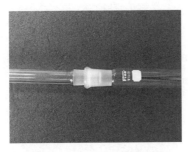

**図 4.14**　試験管と空気冷却管

　ただ，有機合成を行う研究室ならいざ知らず，すり合わせ付きのガラス器具
を特注するのは困難であろうし，高価でもある。そこでアルミ箔と太いガラス
管を用いた代替策（**図 4.15**）を提案しておく。30 cm くらいに切ったガラス
管にアルミ箔をぐるぐる巻きつけて試験管に合う太さにして挿入するだけだ
が，これで十分，事足りる。ポイントは試験管にピッタリはまるようにアルミ
箔を巻くこと。これについては，いろいろ工夫してみて欲しい。

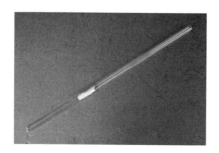

**図 4.15**　簡易的な反応容器（試験管 18φ
　　　　　＋アルミホイルを巻いたガラス管 15φ）

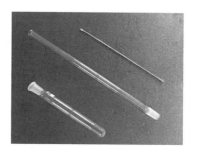

右からスパチュラ，空気冷却
器，反応用試験管（TS15/25）
**図 4.16**　実験で使用する器具

それではさっそく実験に取りかかろう。

**【器具】**（**図 4.16**）

　□試験管（反応用，すり合わせ付きなら TS15/25，18φ）……アルコールの
　　種類分

　□試験管立て（ステンレス製，試験管のサイズに合わせること）……1

　□空気冷却管（すり合わせ付きなら TS15/25）……反応用試験管と同じ本数

　□駒込ピペット（2 mL 用）……1＋アルコールの種類分

　□駒込ピペット（5 mL 用）……1

　□スパチュラ（小）……1

　□ピンセット……1

　□ブロックバス（反応用の試験管に合ったアルミブロックを用いること）
　　……1

**【試薬】**（図 4.17 および図 4.18）

□酢酸（$CH_3COOH$：式量 60.05）無色液体，融点 16 ℃，沸点 118 ℃，密度 1.05 g/cm³，刺激臭・引火性

□1-プロパノール（$n$-プロピルアルコール，$^{n}PrOH$：式量 60.10）無色液体，沸点 97 ℃，密度 0.80 g/cm³，引火性

□2-プロパノール（$iso$-プロピルアルコール，$^{i}PrOH$：式量 60.10）無色液体，沸点 82 ℃，密度 0.79 g/cm³，引火性

□1-ブタノール（$n$-ブチルアルコール，$^{n}BuOH$：式量 74.12）無色液体，沸点 117 ℃，密度 0.81 g/cm³，引火性

□2-メチル-2-プロパノール（$tert$-ブチルアルコール，$^{t}BuOH$：式量 74.12）無色液体，融点 26 ℃，沸点 82 ℃，密度 0.78 g/cm³，引火性

□1-ペンタノール（$n$-ペンチルアルコール，$^{n}PnOH$：式量 88.15）無色液体，沸点 137 ℃，密度 0.81 g/cm³，引火性

□$iso$-アミルアルコール，（$^{i}AmOH$：式量 88.15）無色液体，沸点 131 ℃，密度 0.81 g/cm³，引火性

□$p$-トルエンスルホン酸一水和物（$C_7H_8O_3S \cdot H_2O$：式量 190.22）無色結晶，吸湿性，水に溶けて強酸性（もしくは，硫酸（$H_2SO_4$：式量 98.08）密度 1.84 g/cm³）

□炭酸ナトリウム（$Na_2CO_3 \cdot 10H_2O$：式量 105.99）白色結晶，吸湿性

□純水（$H_2O$：式量 18.01）密度 1.00 g/cm³，蒸留水またはイオン交換水

左から，酢酸，1-プロパノール，炭酸ナトリウム
**図 4.17**　実験で使用する試薬 ①

左が沸騰石，右が $p$-トルエンスルホン酸
**図 4.18**　実験で使用する試薬 ②

□沸騰石

**【そのほかの材料】**

　□アルミ箔

　□軍手

**【実験操作】**

**Step 0**　事前準備

　飽和炭酸ナトリウム水溶液を調製しておく。

　また実験教室開始前に，ブロックバスを 160 ℃に設定して，アルミブロックを加熱しておく。

**Step 1**　水溶性の確認

　駒込ピペット（2 mL 用）を用いて，1 本の試験管に酢酸 0.50 mL，もう 1 本の試験管に実験で使うアルコール 0.50 mL を入れる。

　酢酸とアルコールの匂いを確認する（**図 4.19**）。試験管の口をあおぐようにして嗅ぐのであるが，チャレンジするのであれば，直接嗅いでもよい。ものによっては，泣きたくなるはずである（☞ **Point 1**）。

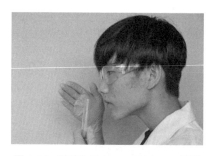

**図 4.19**　酢酸とアルコールの匂いの確認　　**図 4.20**　酢酸とアルコールの水溶性の確認

　それぞれに駒込ピペット（5 mL 用）を用いて純水を約 5.0 mL 加え，水溶性を確認する。（**図 4.20**，よく溶けるものとそうでないものがある）。

**Step 2**　反応の準備

　駒込ピペット（2 ml 用）を用いて，反応用の試験管に酢酸 0.50 mL およびアルコール 1.0 mL を入れ，さらに触媒の *p*-トルエンスルホン酸をスパチュラ

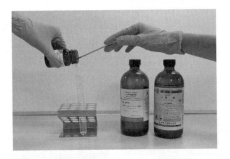

**図4.21**　反応用試験管への反応物と触媒の投入

(小)1かき程度(もしくは濃硫酸を1〜2滴)加え,よく振って溶かす(**図4.21**)。

この時点で加熱前の匂いを確認する。嗅ぎ方は Step 1 と同様である。

**Step 3**　加熱の準備

沸騰石2粒をピンセットでつまんで反応用の試験管に入れ(**図4.22**),空気冷却管を装着する。空気冷却管の開口部は,アルミ箔で軽く封じておく(**図4.23**)。

**図4.22**　反応用試験管への沸騰石の投入

**図4.23**　空気冷却器の装着

**Step 4**　反応の開始

反応用の試験管をブロックバスにセットして,5〜10分間,加熱を行う(**図4.24**)。ときどき軍手をして,試験管を持ち上げて中の様子を観察する(**図4.25**)。ただし,観察は短時間にとどめ,試験管は熱いので火傷に十分注意すること。また空気冷却管を外して匂いを確認したくなるが,我慢すること。試験管だけでなく,空気冷却器にも観察の目を向けること。

**図4.24**  反応用試験管の加熱

**図4.25**  反応の様子の確認

**Step 5**  反応の終了とアルカリ処理

反応が終わったら，軍手をしてブロックバスから試験管を取り出し，空気冷却器をつけたまま放冷する（**図4.26**）。

**図4.26**  反応用試験管の放冷

**図4.27**  反応物のアルカリ処理

室温まで冷えたら，空気冷却器を外し，反応用の試験管に駒込ピペット（5 ml 用）を用いて飽和炭酸ナトリウム水溶液を慎重に加えていく（アルカリ処理，**図4.27**）。この際，激しく発泡することがあるので，吹きこぼれに注意すること。泡がほとんど出なくなったら，軽く振って試験管の中を観察する。

**Step 6**  匂いの確認

Step 1 で準備した酢酸，アルコール，および Step 5 で処理を終えた反応物の匂いを確認する。それぞれの匂いを知っている匂いに例えてみるとよい（☞ **Point 2**）。

※注意  実験で出た廃液は水質汚染の原因になるので，決して下水に流してはならない。実験廃液専用のポリタンクに集め，専門の業者に処理を委託すること。

　実験してみると，酢酸は水によく溶け，強烈な酢の匂いがする。アルコールはどうかというと，プロパノールは水に溶けるが，ペンタノールは水に溶けにくく，匂いもさまざまである（☞ **Step 1**）。酢酸はどのアルコールともよく混ざり合うが，それだけでは反応しない。その証拠に，この段階では両者が混じった匂いがする（☞ **Step 2**）。

　ここで重要な役割を担うのが酸触媒であって，脱水縮合反応を著しく促進する。脱水縮合反応とは読んで字のごとく，水分子が外れて二つの分子が縮合する反応である。その証拠に反応中に空気冷却管の上部にくもりが生じ，水が生成したことがわかる（☞ **Step 4**）。試験管や空気冷却器の内側では液体が気化しては液体に戻るのを繰り返しており，この操作は還流と呼ばれ，有機合成の手法として多用される（**図 4.28**）。

図 4.28　有機合成反応でよく使われる還流　　　図 4.29　ディーンスターク管

　特にフィッシャーのエステル合成では，生成した水とエステルが一定の割合で混ざり合った混合物として気化し（共沸），冷やされて試験管に戻る。この共沸と，エステルは水より軽い点に着目すると，エステルを大量に合成する際，ディーンスターク管（**図 4.29**，水分定量受器ともいう）を使って水を分離し，化学平衡的に有利な状態を作り，反応を効率よく進めることができる。共沸して気化した混合物をディーンスターク管に受けると，重たい水が管の下にたまり，軽いエステルが上にたまるので，いずれはあふれ出して上のエステルだけが反応容器に戻るというしくみで水を除去するのである。さらに，ディーンスターク管には目盛がついているものもあり，反応によって生じる水の量をあら

かじめ計算で求めておけば，反応の進み具合を把握できるという優れものである。

　アルカリ処理（☞ **Step 5**）を行うのは，匂いの確認前に未反応の酢酸（および酸触媒）を中和するためである。そうすれば強烈な酢酸の匂いに邪魔されずにエステルの匂いを確かめることができる。

$$2CH_3COOH + Na_2CO_3 \rightarrow 2CH_3COONa + H_2O + CO_2$$

　本書は実験の入門書であるから，比較的簡単にできて面白い実験を紹介している。しかし本章の実験などは，分子や官能基と物質の性質の関わり，有機合成実験の基本，触媒の役割，反応速度や化学平衡，あるいはガスクロマトグラフィーと組み合わせて機器分析など多面的に展開できる。高校や大学の学生実験としても非常に教育効果が高いといえる。

## 【実験のコツと注意点】

### Point 1　匂いの演出

　子供はなぜか臭いと喜ぶ。意外と大人も顔をしかめながらも，笑っている。これはなかなかの発見である。実験教室の演出に応用できると直感した。だから，本章の実験ではためらいもなく嫌な匂いを嗅がせるのである。多くの参加者は容器の口をあおぐようにして，自分に向けて匂いを運ぶような仕草をする。筆者もかつて理科の実験でそう習ったような気がする。「チャレンジするのであれば…」と前置きするなら，ダイレクトに嗅ぐことも不可能ではない。しかし，酢酸は強烈で，痛いくらいのダメージを食らう。大人だったら大丈夫だが，子供たちにはちょっと辛そう。そこへ来て一転，エステルは良い香り。記憶に残る体験になること請け合いである。

### Point 2　匂いを表現してみよう

　理解を深めるためには，実験に能動的に関わるようにする仕掛けが必要である。例えば，匂いを自分の言葉で表現させてみよう。酢酸の匂いなら「酸っぱい匂い」「痛い匂い（←ダイレクトに嗅いだ子)」「よっちゃんイカの匂い」「酢こんぶの匂い（←しぶい)」など，子供たちの表現はじつに多彩で豊かである。

　エステルの匂いともなると百花繚乱の表現が溢れ出す。フルーツ系だと青リ

ンゴ，洋ナシ，桃，パイナップル，ライチなんて言い出す人もいた。人工物の表現もいろいろある。シンナー，接着剤，除光液，マジックペン，ペンキなど。興味深かったのはビニール風船という表現。酢酸エステルである原料の酢酸ビニルに似た匂いから，ビニール風船を思い出したわけだが，構造が似れば匂いも似るという話ができる。こうして感じた匂いを表現しているうちに，参加者は実験教室のペースに巻き込まれていくのである。

**Point 3**　サロンパスの匂い

　ご存じの方も多いだろうが，湿布薬に使われるサリチル酸メチルもエステルである。フィッシャーのエステル合成法でサリチル酸とメタノールを酸触媒の存在下，脱水縮合反応すればよい（**図 4.30**）。この反応はどういうわけか，子供よりも大人にウケる。

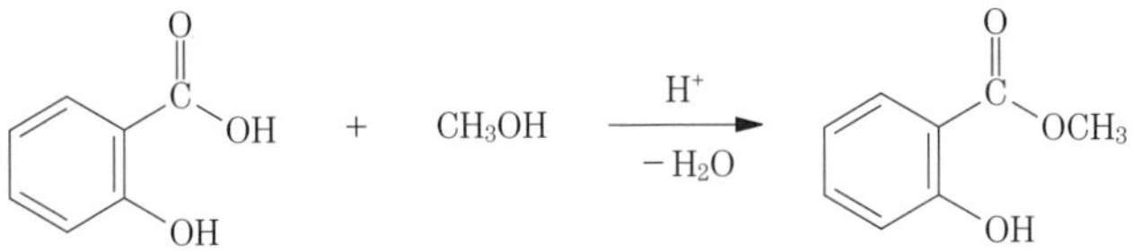

**図 4.30**　サリチル酸メチルの合成

**Point 4**　高砂香料さんとの思い出

　2011 年（平成 23 年）は「世界化学年」であった。世界各国の化学に関する学会・協会・企業などがさまざまなイベントを行った。日本化学会もその一環として，世界化学年 2011 特別展「きみたちの魔法―化学『新』発見」展を同年 11 月の日本科学未来館（東京・台場）を皮切りに，つくばエキスポセンターほか地方都市でも巡回展として開催した[17]。

　この企画に関わった筆者であるが，未来館でのイベントについに駆り出されることになった。同特別展は化学会と未来館と化学企業が見て・触って楽しめる化学展示を製作したもので，まさに体感する化学といってよい。イベントの中では，筆者と各企業の研究員とがかけあい形式で展示を解説するミニトークが行われ，なかでも好評だったのが高砂香料工業と組んだ「匂いを作る」である[18]。展示そのものが「やきそばの匂い」や「新車の匂い」など魅力的なテー

マを忠実に再現した「匂いを嗅ぐ」という嗅覚を使った展示なのだが，驚いた
のが「雨」の匂い。筆者の感覚では雨上がりに漂う，しっとりとした，どこか
土や緑を感じる匂いであったが，こういう詩的な世界が化学の力で生み出され
るとは，まさに魔法のようだった。それと同時に遠い日の夕立の後の光景を思
い出した。香りが過去の記憶を呼び覚ます……プルースト効果というそうだ。

　筆者はミニトークで研究員さんと掛け合ったわけだが，そのなかから興味深
い話題をもう一つ。例えばコーヒーゼリーなどコーヒー味の食べ物には「コー
ヒーフレーバー」が使われることが多い。そこで一般の人に「本物のコーヒー
豆」と「コーヒーフレーバー」を目隠しで嗅いでもらい，本物だと思う方を選
んでもらうと，ほぼ全員が「コーヒーフレーバー」を本物だと思い込んで選ぶ
のだという。つまり香料を作るというのは，どうやら実物の特徴的な香りを引
き出して強調し，いわば本物よりも本物らしい香りを創造してしまうというわ
けだ。香りの世界の奥深さを思い知らされたエピソードである。

## ■ブレイク　不思議な酸，固体酸触媒のひみつ

　酸触媒はさまざまな化学反応を進めるために用いられる。実験室では塩酸や
硫酸といった強酸を用いる場合が多いが，大変危険な薬品である。一方，工業
的には固体酸が用いられる場合が多い。ここでは固体の酸とはどのようなもの
かを紹介する。

### §1　固体酸とはなにか

　第4章では硫酸を酸触媒として用いたエステル化反応を取り上げている。こ
こで酸の性質について調べると，分子内の水素イオンを塩基性物質に供与する
能力が酸の性質（ブレンステッド酸の場合）といえる。化学反応を進める上で
酸の性質は大変便利であるが，塩酸や硫酸は水溶液として存在するときに酸と
しての性質を発現するのであり，水が蒸発してしまうような高い温度では使用
できない。

　一般的に化学反応は温度が高いほど反応速度が高くなるので，触媒を用いた
反応の場合でも水が蒸発してしまうような高温で行う場合が多い。そのような

要望に応えてくれる酸触媒が固体酸触媒である。硫酸と固体酸触媒であるゼオ
ライトの写真を**図4.31**に示す。硫酸は手で触れることのできないほど危険な
物質であるが，固体酸触媒は手で触ってもなんの問題もない安全な粉末である。

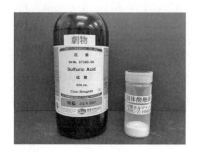

**図4.31**　硫酸と固体酸触媒の外観

　したがって，安全な固体でありながら酸としての性質を有する物質が固体酸
であり，ゼオライトにはそのような性質がある。固体酸の特徴は広い温度範囲
で酸として機能する点にある。固体であるため硫酸のように水素イオンが電離
して自由に動き回ってはたらくわけではない。ではそのしくみをどのように理
解すればよいのであろうか。

**§2　どのようにして酸触媒としてはたらくのか**

　固体酸がはたらくしくみについて具体的に説明しよう。代表的な固体酸であ
るシリカアルミナやゼオライトは触媒活性点となる酸性水酸基（ブレンステッ
ド酸）上で炭化水素を分解することができる。その反応の様子を**図4.32**に示す。

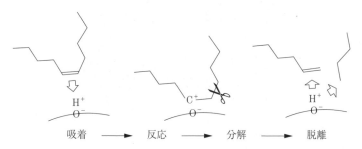

**図4.32**　固体酸上での炭化水素の分解反応メカニズム

マイナスに荷電した表面酸素 $O^-$ の上に活性成分であるプロトン $H^+$ がある。このプロトンは固体表面から大きく離れることはできない。しかし，反応物が接近してくるとプロトンは反応物に取り込まれて中間体（ここではカルベニウムイオン）を形成する。この中間体は不安定であるため炭素-炭素結合を切断する。すると中間体は二つの生成物に分解され，プロトンを固体表面上に残して去ってしまう。その結果，活性点であるプロトンは再生される[19]。すなわち固体酸はミクロな反応分子が接触できる固体の表面のみで触媒としての役割を果たしているので，人間が手で触っても酸としての性質を感じることはない。

### §3　酸であることの簡単な調べ方

固体酸が酸であるかどうかは，pH メーターや pH 試験紙ではわからない。では，どうやったら酸であることを証明できるのであろうか。一つの方法として，酸性の物質に触れると赤色に変わるメチルオレンジを滴下する方法がある。ゼオライト触媒はその構造内に酸性を示す水酸基がある。メチルオレンジ水溶液はゼオライト粉末上に滴下されると酸性の構造に変化して，**図 4.33** 左下に示すように赤く発色する。これは左上にあるメチルオレンジ塩酸溶液の色と同じであり，メチルオレンジにプロトンが供与されていることを示している。比較としてメチルオレンジ水溶液を中性のシリカ粉末に滴下した様子を図 4.33 右下に示す。右上のメチルオレンジ水溶液のオレンジ色のままである。

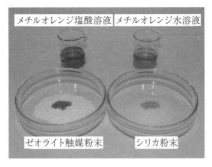

**図 4.33**（口絵 2）　メチルオレンジを用いた
固体酸触媒の酸性質確認試験

§4　普段は安全でいざというとき役に立つ

　固体酸の活性点に近づけるのは分子サイズの物質のみで，人間の手や反応装置の内壁は固体酸触媒の活性点に接触することができない。つまり，触っても反応することはないし，装置に入れても反応器の内壁を腐食することはない。多くの物質を溶かしてしまう硫酸とは大違いである。さらに反応物が近づいたときだけひたすら反応物を活性化してくれる優れた機能を有する触媒である。

　工業的に用いられている固体酸触媒の多くはゼオライトやアルミナなどの無機物である。それらは耐熱性が高く，数百度の高温でも使用することが可能である。実際に石油精製プロセスなど多くの実用プロセスに用いられている。例えば，1.3節で述べた重油からガソリンを製造する接触分解プロセスでは500〜600℃という高い温度で数秒の間に多くの炭素-炭素結合の切断を行っている[1]。

# 5 光を生み出す実験
## ——蛍光物質の合成——

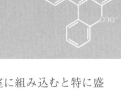

　実験教室にせよ，実験ショーにせよ，化学実験教室に組み込むと特に盛り上がるネタがある。それは「発光」である。発光という現象は，とにかく非常に魅力的な効果を現出することができ，視覚的直感性に訴えて，触媒の本質を感じとってもらおうという本書の目的に合致している。本章では触媒を用いて，蛍光発光する物質を合成する実験を紹介する。

## 5.1　光と色にあふれる世界

　読者の皆さんは蛍光という言葉をご存知だろう。蛍光灯，蛍光ペン，蛍光塗料など普段の生活の中でもよく耳にする言葉である。実際，蛍光灯の下で暮らしたり，蛍光ペンで教科書の大切な用語に印をつけたりと老若男女を問わず，蛍光という言葉は身近なものである。

　この「蛍光」という言葉，古くはまさに「蛍の光」を指したのであろうが，科学用語としては一つの現象を指す言葉として用いられる。これを理解するには，色と光について少し詳しくなる必要があるだろう。

　あまりにありふれているので普段は気にも留めないが，この世は多種多様な色であふれている。そこでふと考える。赤いトマトと緑の葉っぱ，この色の違いはなぜ生じるのだろうか。トマトには赤い色があって，葉っぱには緑の色があるからだろうか。でも，真っ暗だと赤も緑もトマトも葉っぱも見えなくなる。この現象はどう理解したらよいのだろうか。

　まず，光について知ることから始めよう。白色光は白というただ一色の光ではなく，いわゆる虹の七色「紫，藍，青，緑，黄，橙，赤」の光が混じり合っ

てできている。光は波の性質をもつが，波が描く波形が何度も繰り返す中で，ある高さ（位相という）からスタートしてその高さに戻るまでの長さを波長という。紫色の光は波長が 400 nm 前後と短く最もエネルギーが大きい（**図 5.1**）。赤色の光は 780 nm 前後と長く最もエネルギーが小さい（波長の単位 nm ナノメートルは，定規の一番小さな目盛 mm の 100 万分の 1）[20]。

| 波長 | | エネルギー |
|---|---|---|
| 380 nm 以下 | （紫外線） | 大 |
| 380 〜 420 nm | 紫色 | ⬆ |
| 420 〜 440 nm | 藍色 | |
| 440 〜 490 nm | 青色 | |
| 490 〜 510 nm | 水色 | |
| 510 〜 570 nm | 緑色 | |
| 570 〜 590 nm | 黄色 | |
| 590 〜 630 nm | 橙色 | ⬇ |
| 630 〜 740 nm | 赤色 | |
| 800 nm 以上 | （赤外線） | 小 |

**図 5.1**　光の色と波長とエネルギー

　私たちの目に見える光を「可視光」と呼び，個人差はあるそうだが，その波長は 380 〜 800 nm と言われている。その両側には目に見えない光が存在する。紫色の光よりも波長が短くエネルギーも大きいのが紫外線である。エネルギーが大きいため，浴びすぎると肌の細胞にダメージを与えてしまうので，美容の敵扱いされている。赤色の光よりも波長が長くエネルギーが小さいのが赤外線である。熱線とも呼ばれ，ものを温める効果があり，こたつなど暖房に使われている。

　このように光の性質はさまざまであるが，ここからは話をわかりやすくするため，光とは「白色光（可視光）」ということにしよう。可視光の集まりである白色光が，プリズムや雨粒にちょうど良い角度で当たると，分光という現象が起こり，七色[†]の成分に分かれる。

---

†　日本では虹は七色とされているが，他の国では必ずしも七色ではない。例えば米国では六色（赤，橙，黄，緑，青，紫），ドイツでは五色（赤，黄，緑，青，紫）など。

　この白色光が赤いトマトに当たると，トマトに含まれる物質によって赤色の光は反射され，それ以外の光の大半は吸収されてしまう。つまり虹の七色のうち，赤い光だけがはね返されるから「赤く見える」ということだ（**図5.2**）。同様のことは葉っぱでも起こっていて，緑色の光以外のほとんどを吸収してしまう物質があり，緑の光だけがはね返されるので，緑色に見える。極端な表現をすれば，色というものはその場に存在するようで存在しない。そこには特定の色の光を吸収し，またそれ以外の色の光を反射する「物質が存在する」のである。つまり物質による光の吸収と反射があって，そこに色があると私たちは感じることができるのだ。その証拠に真っ暗闇では色は見えない。

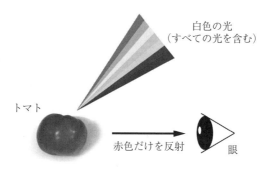

**図5.2**　なぜトマトは赤色？

　このように物質は特定の色の光を吸収する。すべての色の光を反射するものは白く見えるし，すべての色の光を吸収するものは黒く見える。どの色の光を吸収するかは，物質の構造によって決まる。その微妙な差が数限りなく存在する千差万別の豊かな色を生み出している。

## 5.2　蛍光発光と蛍光物質

　物質は特定の色の光を吸収し，別の色の光として放出する「蛍光発光」するものがある。これこそが「蛍光物質」と呼ばれるもので，本章の主役である。
　蛍光物質は安定な「基底状態」にあるが，光のエネルギーを吸収して不安定

な「励起状態」になる。なかば無理矢理に不安定な励起状態になった蛍光物質はもとの安定な基底状態に戻りたがる。そのとき，吸収したエネルギーを光として放出するのだが，これが蛍光発光として観察される光にほかならない（**図5.3**）。

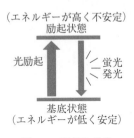

**図5.3** 励起と発光

　ただし，吸収した光エネルギーの100％は放出できずにロスが生じ，結果的に別の色の光を放つ。そのため，エネルギーが減る分，吸収される光の波長よりも蛍光発光の波長は長くなる（その差をストークスシフトと呼ぶ）。

　どんな色の光を吸収し，どんな色の光を放つかは物質の分子構造によって変わる。分子の構造をどうデザインし，どうやって合成して希望の発光を得るかが，蛍光物質を研究する面白さである。

　代表的な蛍光物質の用途としては蛍光インクや発光素子などがある。例えば有機 EL 素子には有機金属錯体が用いられており，アルミニウム錯体 $Alq_3$ やイリジウム錯体 $Ir(ppy)_3$ などである（**図5.4**）[21]。

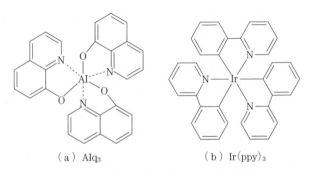

（a）$Alq_3$　　　　　　　　（b）$Ir(ppy)_3$

**図5.4** 有機 EL 素子に用いられる蛍光物質

構造としてはベンゼン環などの芳香環と呼ばれる輪がたくさん連なったものが多く，連なる数が多いほど蛍光発光の波長は長くなる傾向にある。例えば，ナフタレン（**図 5.5**（ a ））は紫色，アントラセンは青色（図（ b ）），テトラセンは水色（図（ c ）），ペンタセンは黄色（図（ d ））にそれぞれ蛍光発光する。ベンゼン環が増えると蛍光波長が長くなっているのがわかると思う。

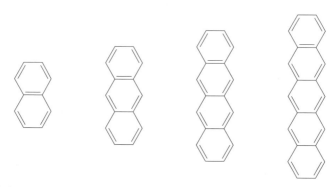

（ a ）ナフタレン　（ b ）アントラセン　（ c ）テトラセン　（ d ）ペンタセン

**図 5.5**　ナフタレン，アントラセン，テトラセン，ペンタセンの分子構造

　特にアントラセンは最初期の有機半導体として知られ，テトラセン，ペンタセンは有機 EL 素子に応用されている。

　実験で合成するのは青色に蛍光発光することで有名なクマリン類（**図 5.6**（ a ））やアクリジン誘導体（図（ b ））と，蛍光ペンのインクに使われるフルオレセイン（（図（ c ）蛍光色は黄緑色）とローダミン B（（図（ d ）蛍光色は橙色）である。いずれも強烈な蛍光発光をするので，インパクトは絶大である。

　クマリン類の合成にはペヒマン縮合と呼ばれる反応を用いる（**図 5.7**）。その発見はドイツの化学者 H. v. ペヒマンによりなされたもので，19 世紀までさかのぼる[20]。ベンゼン環に直接ヒドロキシ基-OH が結合したフェノール類と，もう一つカルボニル基をもつカルボン酸やエステルを縮合して，クマリン化合物を合成する。触媒には酸を用いるのだが，活性化されたフェノール，例えばレソルシノールなどを用いると反応は室温で起こり，ウンベリフェロン（7-ヒドロキシクマリン）誘導体が合成できる。

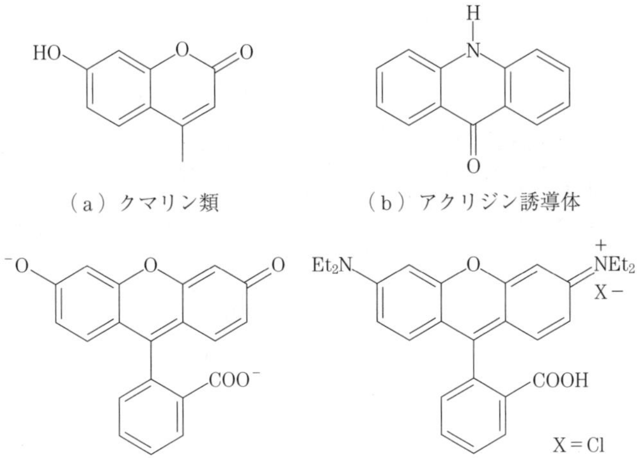

（a）クマリン類　　　　　　　（b）アクリジン誘導体

X = Cl

（c）フルオレセイン　　　　　（d）ローダミンB

**図5.6**　本章で合成する蛍光発光物質

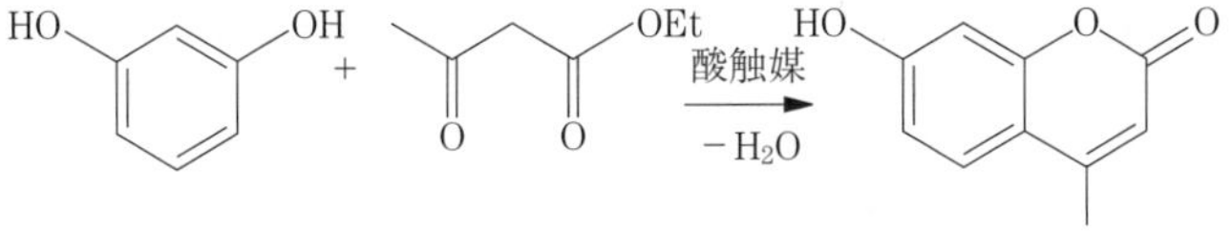

**図5.7**　ペヒマン縮合によるクマリン類の合成

　また，フルオレセインという物質をご存知だろうか。いきなりフルオレセインと聞いても，なにに使われているかピンとくる人は少ないだろうが，黄色の蛍光ペンのインクに使われているといえば，すぐにわかるだろう。ほかにも入浴剤などに配合されているほか，眼底検査など医療用途にも，河川調査など環境用途でも広く利用されている。

　一見複雑な分子構造に見えるフルオレセインだが，意外にも簡単に合成できる。酸触媒を用いて，無水フタル酸とレソルシノールを縮合することで，フルオレセインを得る（**図5.8**）。フルオレセインは塩基性条件下，紫外線や青色光による励起によって，強い黄緑色の蛍光発光を呈する。

　この実験にはいろいろなバリエーションが存在し，例えばフルオレセインの合成（図5.8）で無水フタル酸と反応させるレソルシノールをジエチルアミノ

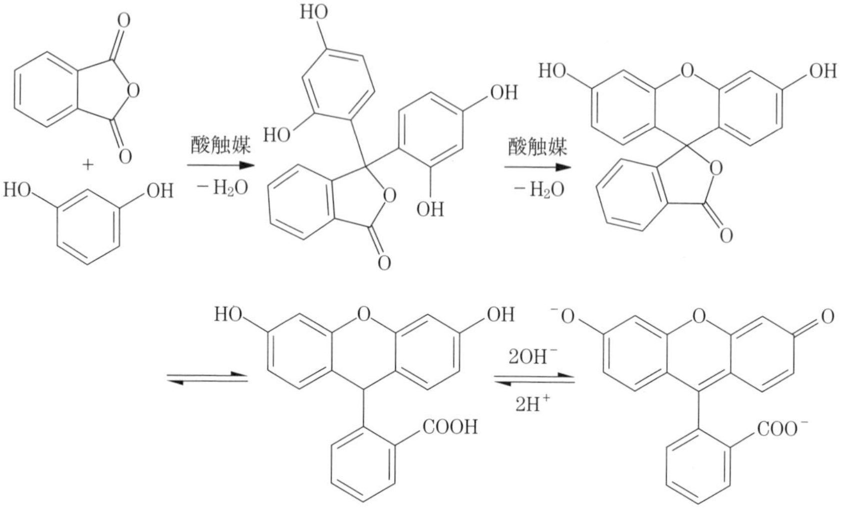

**図5.8** フルオレセインの合成

フェノールに変えると，ローダミンBが得られる（**図5.9**）。ローダミンBも
なじみのない物質に思えるかもしれないが，ピンクの蛍光ペンに用いられる蛍
光色素なので，多くの人は使ったことがあるだろう。ローダミンBは緑色光

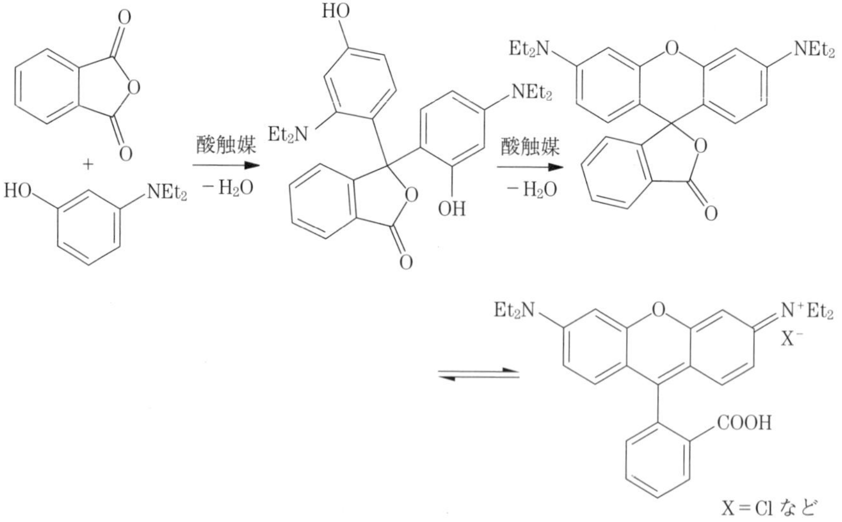

X = Cl など

**図5.9** ローダミンBの合成

による励起によって強い橙黄色の蛍光発光をする。

　これらフルオレセインやローダミンＢの合成に用いられるのはフェノールの一種であるレソルシノールやジエチルアミノフェノールに，酸無水物である無水フタル酸が反応するフリーデル＝クラフツタイプといわれる縮合反応であり，酸触媒が大きな役割を果たす。

　複数の分子を縮合反応して合成するフルオレセインやローダミンＢに対し，分子内で縮合反応をすることで蛍光色素を合成することもできる。アントラニル酸を酸触媒で縮合，環化する反応によってアクリジン誘導体のアクリドンを合成することができる（**図5.10**）。

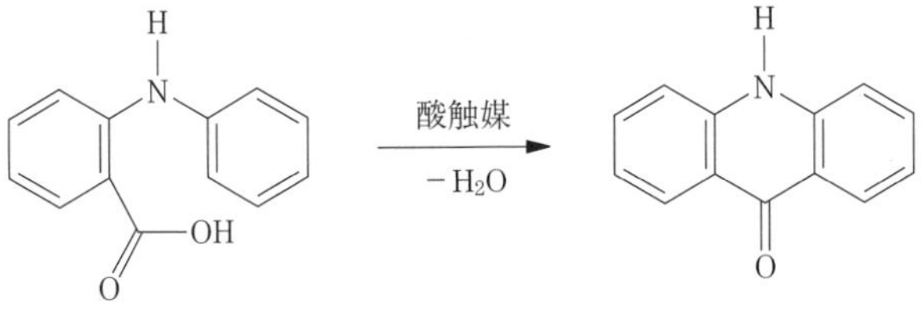

酸触媒
$-H_2O$

**図5.10**　アクリジン誘導体（アクリドン）の合成

　アクリジン誘導体は普段の生活で接する機会は少ないかもしれないが，化学者にとっては蛍光発光の強さ（正確には蛍光量子収率）を測定する際の標準物質として用いるアミノアクリジンなど，フルオレセインやローダミンＢと同様になじみ深いものである。アクリジン誘導体は紫外光による励起によって，強く青色に蛍光発光する。

## 5.3　実　　　　　験

【実験動画】　本章で紹介する実験の動画を用意した。右記のQRコードを読み込むか，コロナ社のwebページ（https://www.coronasha.co.jp/）の本書の紹介ページから見ることができる。

【レベル】小学5年生以上

青（水色），緑（黄緑色），赤（ピンク色）に光る蛍光物質を合成し，実際に蛍光発光させてみよう。

フルオレセインやローダミンＢの合成で用いる触媒は5章のエステル合成で用いた*p*-トルエンスルホン酸や硫酸でもよいし，ゼオライトなど固体酸触媒でもよい。本章では，まず定番として*p*-トルエンスルホン酸を触媒に用いる手法を，また別法としてゼオライトを用いる方法を紹介することとする[22]。

なお，ゼオライトについては本章のブレイク（p.88）の解説に詳しいので，ここで改めての説明は割愛することとしたい。ただあらかじめ言っておくと，ゼオライトを用いる合成法には，H-β型やH-Y型のゼオライトをあらかじめ入手して使用前に賦活する（☞ **Point5**）という操作が必要であるという手間を考慮しても，なお実施する価値がある。というのも，ゼオライトは強い固体酸触媒でありながら素手で触れても平気なほど安全であり，硫酸などと違って中和する手間がなく，生成物との分離もきわめて楽であるなど多くの利点を有する。こういう普段は触れる機会の少ない固体酸触媒や，環境に配慮した化学であるグリーンケミストリー（9章のブレイク「グリーンケミストリーと触媒」参照）について知る機会としても，この実験は格好の実例である。

### ●5.3.1　クマリン誘導体の合成

【器具】（図 5.11 および図 5.12）

☐試験管……1

☐ステンレス製試験管立て……1

☐薬さじ……1

☐駒込ピペット（2 mL 用，*p*-トルエンスルホン酸を使う場合はスパチュラ）……1

☐駒込ピペット（5 mL 用）……1

☐マイクロピペット（200 µL 用）……1

☐三角フラスコ（100 mL 用）……1

☐電子天秤……1

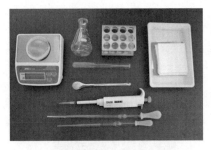

**図5.11**　この実験で用いる器具 ①

**図5.12**　この実験で用いる器具 ②

□薬包紙……1

□紫外線ランプ（ブラックライト）……1

□試験管自動撹拌器（なくても可☞ **point 1**）……1

□ブロックバス（図4.13を参照）……1

【試薬】（図5.13）

□アセト酢酸エチル（オキソブタン酸エチル，$CH_3COCH_2COOC_2H_5$：式量 88.15），無色液体，沸点180℃，密度1.03 g/cm³，引火性

□レソルシノール（$C_6H_4(OH)_2$：式量110.11）白色結晶，融点110℃

□硫酸（$H_2SO_4$：式量98.08），無色液体，密度1.84 g/cm³，吸湿性，水に溶けて強酸性

　（もしくは $p$-トルエンスルホン酸一水和物（$C_7H_8O_3S\cdot H_2O$：式量190.22））

□エタノール（$C_2H_5OH$：式量46.07）無色液体，沸点78.3℃，密度0.79 g/cm³，引火性

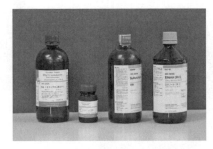

左から，
アセト酢酸エチル，
レソルシノール，
硝酸，
エタノール

**図5.13**　この実験で用いる試薬

□純水（H$_2$O：式量 18.01）密度 1.00 g/cm³, 蒸留水またはイオン交換水

**【実験操作】**

**Step 1**　試験管にレソルシノール 0.11 g, アセト酢酸エチル 126 μL を加え, よく混合する（**図 5.14**）。

図 5.14　試薬の混合　　　　　　図 5.15　触媒の添加

**Step 2**　硫酸を駒込ピペットで 1〜2 滴（p-トルエンスルホン酸 一水和物ならスパチュラ軽く一かき分）を加える（**図 5.15**）。

**Step 3**　試験管内で起こる反応を約 5 分間観察する。加熱は不要だが, かなり発熱するので, うかつに触ってやけどしないように注意する（**図 5.16**）。

　p-トルエンスルホン酸一水和物を触媒にする場合は, 120 ℃に予熱しておい

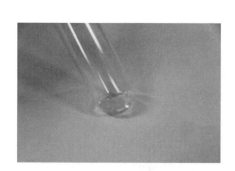

図 5.16　反応の観察　　　　　　図 5.17　試験管の放冷

たブロックバスに試験管を挿入し，約8分間，加熱する。

**Step 4** 反応が終わったら，試験管を取り出して試験管立てに置いて，放冷する（**図5.17**）。

この間に三角フラスコに純水を約100 mL入れておく（**図5.18**）。

**Step 5** 反応に使った試験管が室温付近まで冷えたら，エタノールを約2 mL加え，激しく撹拌して生成物を溶かす（試験管自動撹拌器があれば，それを用いると便利である。なお，生成物が多少溶け残っても特に問題はない（**図5.19**））。

**図5.18** 純水の準備

**図5.19** 反応物の溶解
（試験管自動撹拌器
を使用している）

**Step 6** 部屋を暗くして，試験管の中の溶液に紫外線を当て，蛍光発光の様子を観察する。このとき，蛍光の色，強さ，広がりに注意するとよい（**図5.20**）。

**図5.20** 反応物溶液の蛍光性の確認 ①

**図5.21** 反応物溶液の投入

**Step 7**　部屋を暗くしたまま，Step 4 で用意した純水の入った三角フラスコに紫外線を当てる。その中に，試験管に入った溶液を 1 〜 2 滴入れるようなつもりで，ほんの小量，チョロリと加える（**図 5.21**）。

**Step 8**　蛍光発光の様子を確認する。撹拌して，溶液全体の蛍光の色，強さ，広がりと比較する（**図 5.22**）。

**図 5.22**（口絵 3（a））　反応物溶液の
蛍光性の確認②

### ● 5.3.2　フルオレセインの合成

【器具】（図 5.23 および図 5.24）

　　□試験管……1

　　□ステンレス製試験管立て……1

　　□薬さじ……2

　　□スパチュラ（硫酸を使う場合は駒込ピペット（2 mL 用））……1

　　□ガラス棒（試験管より長いもの）……1

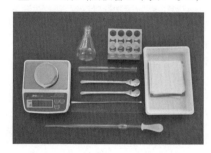

**図 5.23**　この実験で用いる器具①

**図 5.24**　この実験で用いる器具②

□三角フラスコ……1

□駒込ピペット（5 mL 用）……1

□電子天秤……1

□薬包紙……2

□試験管自動攪拌器（なくても可☞ **Point 1**）

□紫外線ランプ……1（ブラックライト，青色ライトでも可☞ **Point 2**）

□ブロックバス……1

【試薬】（図 **5.25**）

□無水フタル酸（C₆H₄(CO)₂O：式量 148.12）白色結晶，融点 131 ℃

□レソルシノール（C₆H₄(OH)₂：式量 110.11）白色結晶，融点 110 ℃

□*p*-トルエンスルホン酸一水和物（C₇H₈O₃S・H₂O：式量 190.22）無色結晶，吸湿性，水に溶けて強酸性（もしくは硫酸（H₂SO₄：式量 98.08）密度＝1.84 g/cm³）

□エタノール（C₂H₅OH：式量 46.07）無色液体，沸点 78.3 ℃，密度 0.79 g/cm³，引火性

□炭酸ナトリウム（Na₂CO₃・10H₂O：式量 105.99）白色結晶，吸湿性

□純水（H₂O：式量 18.01）密度＝1.00 g/cm³，蒸留水またはイオン交換水

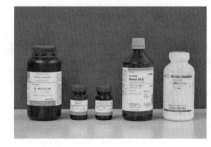

左から，
無水フタル酸，
レソルシノール，
*p*-トルエンスルホン酸一水和物，
エタノール，
炭酸ナトリウム

**図 5.25**　この実験で用いる試薬

【実験操作】

**Step 0**　事前に 2 M 炭酸ナトリウム水溶液を調製しておく。

ブロックバスを 120 ℃に加熱しておく（図 **5.26**）。

**Step 1**　試験管に無水フタル酸 0.13 g，レソルシノール 0.11 g を加え，ガラ

図5.26 ブロックバスの予熱（120℃）

図5.27 試薬の混合

ス棒でこすり合わせるようにして，よく混合する（**図5.27**）。

このとき，試験管の底を破らないように，強くこすり過ぎないこと（☞
**Point 3**）。

**Step 2**　*p*-トルエンスルホン酸一水和物をスパチュラで軽く一かき分（硫酸
なら駒込ピペットで1〜2滴）を加える（**図5.28**）。

図5.28 触媒の添加

図5.29 ブロックバスによる加熱

**Step 3**　加熱してあったブロックバスに試験管を挿入し，約8分間，加熱す
る（**図5.29**）。

試験管を挿入する際，勢いよく落とすと試験管がアルミブロックに当たり，
割れてしまうので，注意すること。反応中の様子を見たい場合は一度アルミブ
ロックから引き抜き，素早く観察して，もとに戻す。けっして試験管を覗き込

んではいけない。

**Step 4**　反応が終わったら，試験管を取り出して試験管立てに置いて，放冷する（**図5.30**）。

　この間に三角フラスコに2M炭酸ナトリウム水溶液約100 mLを入れておく（**図5.31**）。

図**5.30**　試験管の放冷

図**5.31**　2M炭酸ナト
リウム水溶液の準備

**Step 5**　反応に使った試験管が室温付近まで冷えたら，エタノール約2 mLを加え，激しく撹拌して生成物を溶かす（**図5.32**）（試験管自動撹拌器があれば，それを用いると便利である。なお，生成物が多少溶け残っても特に問題はない）。

図**5.32**　反応物の溶解
（試験管自動撹拌器
を使用している）

図**5.33**　反応物溶液の蛍光性の確認①

**Step 6** 部屋を暗くして，試験管の中の溶液に紫外線を当て，蛍光発光の様子を観察する。このとき，蛍光の色，強さ，広がりに注意するとよい（**図5.33**）。

**Step 7** 部屋を暗くしたまま，Step 4で用意した2 M炭酸ナトリウム水溶液の入った三角フラスコに紫外線を当てる。その中に，試験管に入った溶液を1〜2滴入れるようなつもりで，ほんの小量，チョロリと加える（**図5.34**）。

 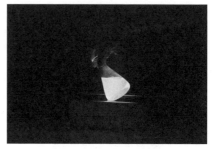

**図5.34** 反応物溶液の投入 **図5.35**（口絵3（b）） 反応物溶液の蛍光性の確認②

**Step 8** 蛍光発光の様子を確認する。撹拌して，溶液全体の蛍光の色，強さ，広がりと比較する（**図5.35**）。

### ● 5.3.3 ローダミンBの合成

**【器具】**（**図5.36**および**図5.37**）

　　□試験管……1

　　□ステンレス製試験管立て……1

　　□薬さじ……2

　　□スパチュラ（硫酸を使う場合は駒込ピペット）……1

　　□ガラス棒（試験管より長いもの）……1

　　□三角フラスコ……1

　　□駒込ピペット……1

　　□電子天秤……1

　　□薬包紙……2

　　□試験管自動撹拌器（なくても可☞ **Point 1**）

**図 5.36**　この実験で用いる器具 ①

**図 5.37**　この実験で用いる器具 ②

□紫外線ランプ（ブラックライト，緑色ライトでも可 ☞ **Point 2**）……1

□ブロックバス……1

**【試薬】**（図 **5.38**）

□無水フタル酸（$C_6H_4(CO)_2O$：式量 148.12）白色結晶，融点 131 ℃

□3-ジエチルアミノフェノール（$C_6H_4(OH)N(C_2H_5)_2$：式量 165.23）褐色
結晶，融点 70 ℃

□$p$-トルエンスルホン酸一水和物（$C_7H_8O_3S \cdot H_2O$：式量 190.22）無色結晶，
吸湿性，水に溶けて強酸性（もしくは硫酸（$H_2SO_4$：式量 98.08）密度＝1.84 g/
$cm^3$）

□エタノール（$C_2H_5OH$：式量 46.07）無色液体，沸点 78.3 ℃，密度 0.79 g/
$cm^3$，引火性

□純水（$H_2O$：式量 18.01）密度＝1.00 g/$cm^3$，蒸留水またはイオン交換水

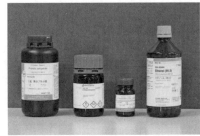

左から，
無水フタル酸，
3-ジエチルアミノフェノール，
$p$-トルエンスルホン酸一水和物，
エタノール

**図 5.38**　この実験で用いる試薬

【実験操作】

おおむね操作はフルオレセインと同様のため，画像は割愛する。

**Step 0**　ブロックバスを 120 ℃に加熱しておく。

**Step 1**　試験管に無水フタル酸 0.13 g，3-ジエチルアミノフェノール 0.17 g を加え，ガラス棒でこすり合わせるようにして，よく混合する。

このとき，試験管の底を破らないように，強くこすり過ぎないこと（☞ **Point 3**）。

**Step 2**　p-トルエンスルホン酸一水和物をスパチュラ軽く一かき分（硫酸なら駒込ピペットで 1〜2 滴）を加える。

**Step 3**　加熱してあったブロックバス（図 5.29）に試験管を挿入し，約 8 分間，加熱する。試験管を挿入する際，勢いよく落とすと試験管がアルミブロックに当たり，割れてしまうので，注意すること。反応中の様子を見たい場合は一度アルミブロックから引き抜き，素早く観察して，もとに戻す。けっして試験管を覗き込んではいけない。

**Step 4**　反応が終わったら，試験管を取り出して試験管立てに置いて，放冷する（硫酸を使った場合も発熱するので，放冷する）。

この間に三角フラスコに純水約 100 mL を入れておく。

**Step 5**　反応に使った試験管が室温付近まで冷えたら，エタノール約 2 mL を加え，激しく撹拌して生成物を溶かす（試験管自動攪拌器があれば，それを用いると便利である。なお，生成物が多少溶け残っても特に問題はない）。

**Step 6**　部屋を暗くして，試験管の中の溶液に紫外線を当て，蛍光発光の様子を観察する（**図 5.39**）。このとき，蛍光の色，強さ，広がりに注意するとよい。

**Step 7**　部屋を暗くしたまま，Step 4 で用意した純水の入った三角フラスコに紫外線を当てる。その中に，試験管に入った溶液を 1〜2 滴入れるようなつもりで，ほんの小量，チョロリと加える（**図 5.40**）。

**Step 8**　蛍光発光の様子を確認する（**図 5.41**）。撹拌して，溶液全体の蛍光の色，強さ，広がりと比較する。

**図 5.39**　反応物溶液の蛍光性の確認 ①

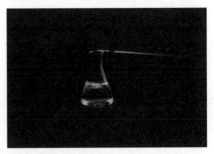

**図 5.40**　反応物溶液の投入

**図 5.41**（口絵 3（c））　反応物溶液の
蛍光性の確認 ②

## ●5.3.4　アクリジン誘導体の合成

**【器具】（図 5.42 および図 5.43）**

　　□試験管……1

　　□ステンレス製試験管立て……1

　　□薬さじ……2

　　□スパチュラ（硫酸を使う場合は駒込ピペット）……1

　　□ガラス棒（試験管より長いもの）……1

　　□三角フラスコ……1

　　□駒込ピペット……1

　　□電子天秤……1

　　□薬包紙……2

　　□試験管自動攪拌器（なくても可☞ **Point 1**）

**図 5.42** この実験で用いる器具 ①

**図 5.43** この実験で用いる器具 ②

□紫外線ランプ（ブラックライト，青色ライトでも可 ☞ **Point 2**）……1

□ブロックバス……1

## 【試薬】（図 5.44）

□ *N*-フェニルアントラニル酸（$C_{13}H_{11}NO_2$：式量 213.24）白色結晶，融点 186 ℃

□ *p*-トルエンスルホン酸一水和物（$C_7H_8O_3S \cdot H_2O$：式量 190.22）無色結晶，吸湿性，水に溶けて強酸性（もしくは硫酸（$H_2SO_4$：式量 98.08）密度 = 1.84 g/cm³）

□エタノール（$C_2H_5OH$：式量 46.07）無色液体，沸点 78.3 ℃，密度 0.79 g/cm³，引火性

□純水（$H_2O$：式量 18.01）密度 = 1.00 g/cm³，蒸留水またはイオン交換水

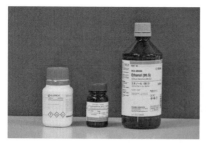

左から，
*N*-フェニルアントラニル酸，
*p*-トルエンスルホン酸一水和物，
エタノール

**図 5.44** この実験で用いる試薬

## 【実験操作】

おおむね操作はフルオレセインと同様のため，画像は割愛する。

**Step 0** 事前に 2 M 炭酸ナトリウム水溶液を調製しておく。

ブロックバスを 120 ℃に加熱しておく。

**Step 1**　試験管に N-フェニルアントラニル酸 0.11 g を入れる。

**Step 2**　p-トルエンスルホン酸一水和物をスパチュラ軽く一かき分（硫酸なら駒込ピペットで 1 ～ 2 滴）を加える。

**Step 3**　加熱してあったブロックバスに試験管を挿入し，約 8 分間加熱する。試験管を挿入する際，勢いよく落とすと試験管がアルミブロックに当たって割れてしまうので注意すること。反応中の様子を見たい場合は一度アルミブロックから引き抜き，素早く観察して，もとに戻す。けっして試験管を覗き込んではいけない。

**Step 4**　反応が終わったら，試験管を取り出して試験管立てに置いて，放冷する。

この間に三角フラスコに 2 M 炭酸ナトリウム水溶液約 100 mL を入れておく。

**Step 5**　反応に使った試験管が室温付近まで冷えたら，エタノール約 2 mL を加え，激しく撹拌して生成物を溶かす（試験管自動撹拌器があれば，それを用いると便利である）。なお，生成物が多少溶け残っても特に問題はない。

**Step 6**　部屋を暗くして，試験管の中の溶液に紫外線を当て，蛍光発光の様子を観察する（**図 5.45**）。このとき，蛍光の色，強さ，広がりに注意するとよい。

**図 5.45**　反応物溶液の蛍光性の確認 ①　　　**図 5.46**　反応物溶液の投入　　　**図 5.47**（口絵 3（ d ））反応物溶液の蛍光性の確認 ②

**Step 7**　部屋を暗くしたまま，Step 4 で用意した 2 M 炭酸ナトリウム水溶液の入った三角フラスコに紫外線を当てる。その中に，試験管に入った溶液を 1 ～ 2 滴入れるようなつもりで，ほんの小量，チョロリと加える（**図 5.46**）。

**Step 8**　蛍光発光の様子を確認する（**図5.47**）。撹拌して，溶液全体の蛍光の色，強さ，広がりと比較する。

## ●**5.3.5　フルオレセインの合成（固体酸バージョン）**

　おおむね操作は通常のフルオレセインと同様のため，新しい画像以外は割愛する。

**【器具】（図5.48および図5.49）**

　　□試験管……1

　　□試験管ばさみ……1

　　□ステンレス製試験管立て……1

　　□ガスバーナー……1

　　□薬さじ…………2

　　□スパチュラ……1

　　□ガラス棒（試験管より長いもの）……1

　　□三角フラスコ……1

　　□駒込ピペット……1

　　□電子天秤……1

　　□薬包紙……2

　　□試験管自動撹拌器（なくても可☞ **Point 1**）

**図5.48**　この実験で用いる器具①　　　**図5.49**　この実験で用いる器具②

□紫外線ランプ（ブラックライト，青色ライトでも可☞ **Point 2**）……1

□ブロックバス……1

【試薬】（図 **5.50**）

□ゼオライト H-BET-200（触媒学会 HP より参照触媒として入手可能

☞ **Point 4**）

□無水フタル酸（$C_6H_4(CO)_2O$: 式量 148.12）白色結晶，融点 131 ℃

□レソルシノール（$C_6H_4(OH)_2$：式量 110.11）白色結晶，融点 110 ℃

□エタノール（$C_2H_5OH$：式量 46.07）無色液体，沸点 78.3 ℃，密度 0.79 g/cm³，引火性

□炭酸ナトリウム（$Na_2CO_3\cdot10H_2O$：式量 105.99）白色結晶，吸湿性

□純水（$H_2O$：式量 18.01）密度＝1.00 g/cm³，蒸留水またはイオン交換水

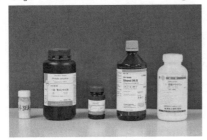

左から，
ゼオライト H-BET-200，
無水フタル酸，
レソルシノール，
エタノール，
炭酸ナトリウム

**図 5.50** この実験で用いる試薬

【実験操作】

**Step 0** 事前に 2 M 炭酸ナトリウム水溶液を調製しておく。

ブロックバスを 120 ℃に加熱しておく。

**Step 1** 反応の直前，試験管にゼオライトをスパチュラ小に軽く 1 かき程度入れ，試験管ばさみで保持しながらガスバーナーで加熱して，試験管全体に曇りが出なくなるまで充分に加熱して，ゼオライトを賦活する（☞ **Point 5**）。加熱後，やけどに注意しながらアルミ箔で試験管に封をして，室温まで放冷する（**図 5.51**）。

（別法） ほかの試薬を入れる直前に賦活するのが望ましいが，実験ショーや火気が使用できない場所では，なかなかそうはいかない。その場合，実験室のガ

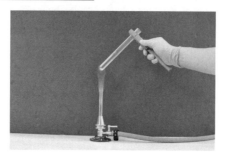

**図 5.51**　固体酸触媒（ゼオライト）の賦活

スバーナーであらかじめ賦活しておき，密栓をして保存して，現場で開封して用いてもよい。ただしゼオライトの触媒活性はかなり落ちることは覚悟しなければならない。

**Step 2**　試験管が室温まで冷えたら，無水フタル酸 0.13 g，レソルシノール 0.11 g を加え，ガラス棒で擦り合わせるようにして，よく混合する。

　このとき，試験管の底を破らないよう，強くこすり過ぎないこと（☞**Point 3**）。

**Step 3**　加熱してあったブロックバスに試験管を挿入し，約 10 分間加熱する。試験管を挿入する際，勢いよく落とすと試験管がアルミブロックに当たり，割れてしまうので注意すること。反応中の様子を見たい場合は一度アルミブロックから引き抜き，素早く観察してもとに戻す。けっして試験管を覗き込んではいけない。

**Step 4**　反応が終わったら，試験管を取り出して試験管立てに置いて，放冷する。

　この間に三角フラスコに 2 M の炭酸ナトリウム水溶液を約 100 mL 入れておく。

**Step 5**　反応に使った試験管が室温付近まで冷えたら，エタノールを約 2 mL 加え，激しく撹拌して生成物を溶かす（試験管自動撹拌器があれば，それを用いると便利である）。なお，生成物が多少溶け残っても特に問題はない。

**Step 6**　部屋を暗くして，試験管の中の溶液に紫外線を当て，蛍光発光の様子を観察する（**図 5.52**）。このとき，蛍光の色，強さ，広がりに注意するとよい。

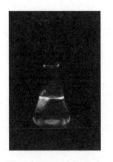

**図5.52** 反応物溶液
の蛍光性の確認①

**図5.53** 反応物溶液
の投入

**図5.54** 反応物溶液
の蛍光性の確認②

**Step 7** 部屋を暗くしたまま，Step 4で用意した2 M炭酸ナトリウム水溶液
の入った三角フラスコに紫外線を当てる。その中に，試験管に入った溶液を1
〜2滴入れるようなつもりで，ほんの小量，チョロリと加える（**図5.53**）。
**Step 8** 蛍光発光の様子を確認する（**図5.54**）。撹拌して，溶液全体の蛍光
の色，強さ，広がりと比較する。

### ● 5.3.6 蛍光発光の強さについて

　実験してみると，溶液中の蛍光物質は少量でも良く蛍光発光することがわか
る。実際，蛍光物質を含んだ溶液の濃度を少しずつ上げて行くと，ある濃度ま
では蛍光強度が濃度に比例して大きくなるが，ある濃度以上になったとたんに
頭打ちになる。原因は，蛍光物質そのものが蛍光を吸収して（自己吸収），隣
接した蛍光物質分子の間でエネルギーの移動が起こり，本来発光に使われるは
ずだったエネルギーの一部しか発光に寄与しなくなるからである。これは濃度
消光と呼ばれる現象である。だから「ほんの小量，チョロリと加える」が強い
発光を観察するコツであるといえる。

　また，フルオレセインのように酸性条件下と塩基性条件下では分子構造が異
なって，発光強度も大きく変わる物質もある（**図5.55**）。

　これは実験を盛り上げる演出に利用できる。つまり酸触媒を用いているため，
合成直後は蛍光発光するにはするのだが，歓声が起こるほどではない。これを

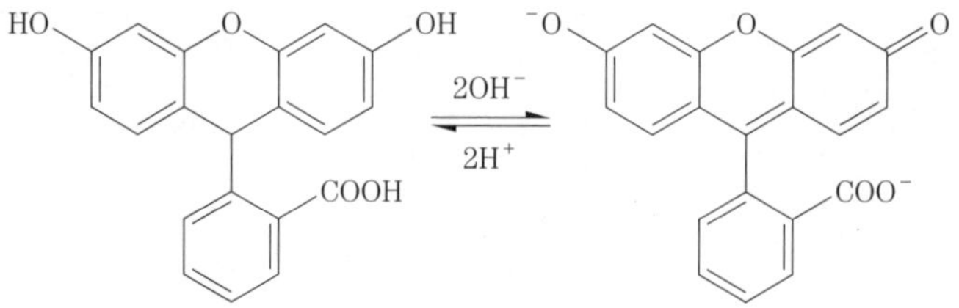

（a）酸性条件下（弱蛍光性）　　　　（b）塩基性条件下（強蛍光性）

**図 5.55**　フルオレセインの分子構造

見た参加者は「なんだ，光るといってもこんな程度か」と少し落胆する。しかしこれを塩基性の炭酸ナトリウム水溶液に少しだけ注ぐと，強烈に，しかも美しく蛍光発光する。たちまち参加者から驚きと感動の声が上がる。小さな落胆と大きな喜び，この順番で見せることで実験教室はさらに盛り上がるのである。

**【実験のコツと注意点】**

**Point 1**　試験管自動攪拌器

　試験管の中にできた蛍光物質をエタノールに溶かす際，固着してしまって溶けず，苦労することがある。ここでガラス棒を使って無理やり混ぜようものなら，試験管の底を破損する可能性があり，触媒に強酸を使っているのでそういう危険は避けたい。

　この面倒な操作を楽しくしてくれるのが，試験管自動攪拌器（図 5.32）。底を装置に接触させるだけで，試験管内を効率よく攪拌してくれる。もともとこの装置は生物学の研究で使われていたもので，小さなサンプルチューブを日に何十本，何百本と手作業で攪拌するわずらわしさを解消するために作られたものだ。今回は化学実験であるが，試しに使ってみるとじつに調子が良い。

　また試験管自動攪拌器の使用は，思いがけない効果をもたらした。このような装置は参加者の興味を引くのである。液体が渦を巻くような動きをして，試験管の中が激しく攪拌される様子が面白いようで，子供も大人も大喜び。ちょっとした工夫だが，このような装置の使用は実験教室を盛り上げる効果をもっている。

**Point 2**　励起光について

蛍光発光を観察する際に，必要不可欠なのは光による励起である。ここで重要なのは励起光の波長は蛍光発光の波長よりも短い必要があることである。理由は 5.2 節に詳しいので，そちらを読んでいただきたい。

例えば，蛍光試薬として用いる場合，フルオレセインは波長 494 nm 付近で励起して 518 nm 付近で蛍光発光する。したがって，494 nm 以下の波長が励起に適していて，実際は青色光や紫外光が励起光に使われる。実験用の紫外線ランプがあればよいが，ブラックライト（通常 365 nm 前後）や青いライト（白色ライトと青色セロファンで手作りも可能）でも十分な蛍光発光が観察できる。強い紫外光は目に悪影響があるため，直接見つめてはならないので，ブラックライトや青いライトを使うほうが安全である。

このように励起光一つとっても適した波長があり，それによって蛍光の強度が変化する。蛍光物質ごとにオススメの励起光を実験器具の記述の中で書いてみたが，自分たちでいろいろ工夫してみるのも楽しいだろう。

**Point 3**　試験管の底が抜ける話

フルオレセインやローダミンの合成では，まず原料として 2 種類の試薬を試験管の中でこすり合わせるようにして混合する。この際にガラス棒を用いるのだが，専門家ではない多くの参加者は力が入りすぎるのか，しっかり混ぜようと激しく混ぜすぎるのか，試験管の底をガラス棒で突き破ってしまうことがたびたびある。

ここで大事なのは ① 試験管の底を実験台から離さずに固定し，② ガラス棒の自重で試薬を混ぜ，決して押し潰すような操作をしないことである。いずれ加熱で融け合うように混ざるので，ここでの混合は予備的なものに過ぎないと割り切って行うこと。

万が一，試験管が割れた場合は参加者には触らないように指示し，スタッフがピンセットを用いて破片を集め，きちんと処理すること。

**Point 4**　ゼオライトは入手困難？

硫酸やスルホン酸に代わる安全な触媒として登場した固体酸。特に本章の実

験ではゼオライト H-BEA-200（エイチ-ベータ-200）という固体酸を用いている。ところが，いざ入手しようとすると，どこにも売っていないし，お店に聞いてもわからない……そんなときは，この本の出版を支えてくれた「触媒学会」の HP（http://www.shokubai.org/）にアクセス。触媒学会には「参照触媒」という制度があり，実験で基準となる触媒を配っている。そこで参照触媒のゼオライト H-BEA-200（エイチ-ベータ-200）が欲しいと問い合わせてみよう。

**Point 5**　ゼオライトは賦活してから使うもの

　ゼオライトにはたくさんの細孔（小さな穴）があり，通常，水分子などが吸着していて，活性が落ちている。そこで加熱によって吸着された物質を追い出して，活性化する必要があり，この操作を「賦活」という。具体的なやり方は 5.3.5 項の Step 1 で解説しているが，この操作をいい加減に済ませてしまうと反応がさっぱり進まないので，十分留意して欲しい。とにかく試験管全体にくもりがなくなるまで加熱することが重要である（**図 5.56**）。

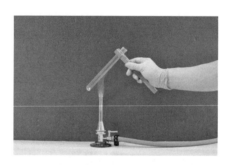

試験管全体を加熱しよう
**図 5.56**　固体酸触媒（ゼオライト）の賦活

**■ブレイク　魅惑の触媒，ゼオライトのひみつ**

　本章ではゼオライトを固体酸触媒として使用している実験も紹介した。ゼオライトは固体酸触媒としての機能以外にもさまざまな魅力をもった物質である。ここではゼオライトの魅力を紹介する。

## §1　天然鉱物であるゼオライト

　ゼオライトは天然鉱物の一種でその内部に分子が入れるサイズの空洞を有する物質群の総称である。主要な構成元素はケイ素 Si, アルミニウム Al, 酸素 O であり，多孔質アルミノケイ酸塩と呼ばれる。資源的に豊富で安全な元素で構成される材料であることから，イオン交換剤，吸着剤，触媒などに幅広く応用されている。日本では秋田県，宮城県，島根県で天然のゼオライトを産出しており，**図5.57** に示すような露天掘りで採掘されている。アンモニアなどの臭気成分を吸着する機能があることから，ペットのし尿処理，魚焼き用ニオイとりなど身近なところでも使われている。ゼオライトを酸処理すると固体酸触媒としての機能が発現し，機能性材料としても知られるようになった[23]。

表土（樹木の下層）の白い地層が
ゼオライト層
**図5.57**　ゼオライト採掘場（秋田県）

## §2　自然の模倣から人工的な合成へ

　ゼオライトの有用性は早くから認識され，1970 年代頃から天然物を模倣して人工的にゼオライトを合成する試みが盛んに行われた。その結果として天然物と同じ骨格構造のゼオライトの合成が可能になった。さらに人工的にのみ合成可能なゼオライトも作られるようになった。また合成に成功した後に，同様の骨格構造の天然物が見つかるなど，多くの種類のゼオライトが発見・発明された。

　**図 5.58**に同じ骨格構造を有する合成ゼオライトと天然ゼオライトの外観と
その電子顕微鏡写真を示す。天然ゼオライトは岩石を砕いたもので粒子は粗く，
着色していることから不純物を多く含んでいることがわかる。合成ゼオライト
は白く細かい粉末状であり，粒子は細かくきわめて純度が高い。また表面構造
もハッキリしている。したがって触媒や分離材などの機能材料として利用する
場合はおもに合成ゼオライトが用いられる[23]。

**図 5.58**　合成ゼオライトと天然ゼオライト
の外観と電子顕微鏡写真

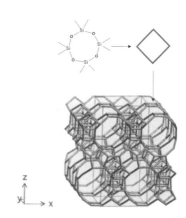

**図 5.59**　ゼオライトの骨格構造[25]

## §3　芸術的な結晶構造

　ゼオライトの骨格構造モデルの一例を**図 5.59**に示す。酸素の酸化数は−2
でありケイ素の酸化数は+4である。したがって，$SiO_2$の化学式で表される物
質である。一つのケイ素に四つの酸素が結合して，アルミニウムを含まない場
合はそれが三次元的に広がっている。その構造を図で表す場合に Si-O-Si 結合
を 1 本の棒で表すと構造がわかりやすくなる。そしてゼオライトには異なる多
くの骨格構造のタイプが存在し，それぞれ特徴的な分子サイズの規則的な細孔
が存在する。この孔の存在がゼオライトに機能を与えている。国際機関はゼオ
ライトの異なる骨格構造にコードネームを付与しており，2019 年現在で 248
種類の異なる骨格構造のゼオライトが存在している[24],[25]。

## §4　多彩な機能

　ゼオライトに含まれるアルミニウム Al の酸化数は +3 である。これがケイ素と同じ位置に入れ替わって存在すると，アルミニウムに置換されたところだけ負に帯電する。そこで電荷を補償するためにアルミニウムの近くにナトリウムイオン $Na^+$ などの陽イオンが存在する。この陽イオンはイオン結合で存在しており容易にほかのイオンを交換できる。

　ゼオライトのおもな四つの機能のイメージを**図5.60**に示す。規則的な細孔の存在は，物理的に通過が可能となる分子を見分ける分子ふるいの機能を発現し分離剤として利用されている。吸着は，低濃度の水を強く吸着する機能であり，複層ガラスのくもり防止用に利用されている。イオン交換は，水道水中のカルシウムイオン $Ca^{2+}$ をナトリウムイオン $Na^+$ に交換する機能であり，洗剤の機能をサポートする。触媒は，化学反応を効率的に進める固体酸触媒としての機能であり，その効果は固体酸のところで述べたとおりである。

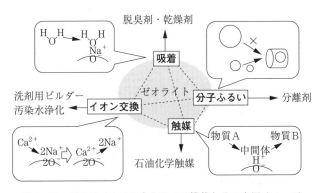

**図5.60**　ゼオライトのおもな四つの機能とその応用イメージ

# 6 電気をとおすプラスチックの合成
## ——ノーベル賞と触媒1——

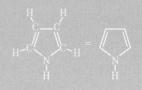

　ノーベル化学賞の受賞理由に「触媒」に関するものが多いことを7章の
ブレイクで述べているので，後で見てみてほしい。特に日本人のノーベル
化学賞は触媒が関係しているものが多い。本章では，その中から触媒を使っ
て世界で初めて電気をとおすプラスチックを生み出した2000年ノーベル化
学賞に関する実験を紹介しよう。

## 6.1　電気をとおすプラスチック

　プラスチックを知らない人はいないだろう。ポリ袋，ペットボトル，文房具
やオモチャ……現代の私たちの生活のありとあらゆるところにプラスチックは
使われていて，非常に身近な存在である。ただ，これら汎用のプラスチックは
電気をとおさない，すなわち絶縁体である。これはもはや常識といってよい。
　しかし常識を覆す発明が約50年前に実現した。それこそ，電気をとおすプ
ラスチック「導電性プラスチック」にほかならない。世界で初めて合成された
導電性プラスチックはポリアセチレン（**図6.1**）である。アセチレンHC≡
CHというガスを，極端に濃いチーグラー＝ナッタ触媒（ポリエチレンやポリ
プロピレンの合成にも多用される[26]）と反応させることで，ポリアセチレン
薄膜（**図6.2**）を得たのである[27]。発見者の白川英樹の名にちなんで「白川法」
と呼ばれる合成法によって，薄膜状のポリアセチレンが確実に合成できるよう
になった。これをきっかけに，後のマクダイアミッドやヒーガーらとの共同研
究の中で化学ドーピングという操作を施すと，ポリアセチレンが金属並みの電

**図6.1** ポリアセチレン

**図6.2** ポリアセチレン薄膜
（試験管内の黒いもの）

気伝導度（電気のとおりやすさ）を示すことが判明した[28]。この画期的な発明により，白川英樹，マクダイアミッド，ヒーガーの3人は2000年にノーベル化学賞を受賞したのである[29]。

ポリアセチレン薄膜は，アルミ箔のような金属光沢をもっており，いかにも電気がとおりそうに見える。じつに魅力的な物質だが合成には大掛かりな実験装置（**図6.3**）が必要である[30]。触媒は右下のシュレンクフラスコの中に入っていて，右上のガスだめ容器に入ったアセチレンガスと反応させることでポリ

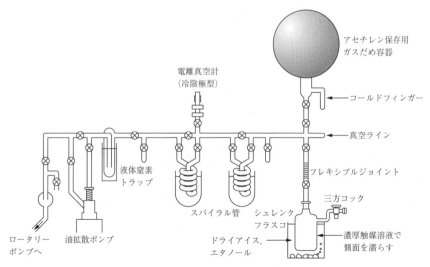

（触媒は右下のシュレンクフラスコの中に入っている）
**図6.3** ポリアセチレン薄膜の合成用真空ライン装置[29]

アセチレン薄膜が合成できる。ただポリアセチレン薄膜が合成できたとしても空気安定性に乏しいなどの理由から、なかなか実用化は進まなかった。

そんな中、さまざまな芳香環をもつ導電性プラスチックが開発されて実用化されている[31),32),33),34)]。ポリアセチレンよりも簡単に合成でき、空気や水分に対しても比較的安定であるからだ。ポリピロール（図（a））、ポリチオフェン（図（b））、ポリエチレンジオキシチオフェン（PEDOT, 図（c））、ポリフェニレン（図（d））やポリアニリン（図（e））などがよく知られている（**図 6.4**）。

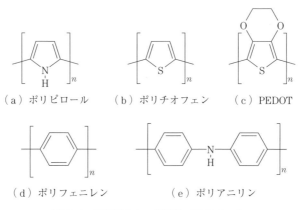

（a）ポリピロール　　（b）ポリチオフェン　　（c）PEDOT

（d）ポリフェニレン　　　（e）ポリアニリン

**図 6.4**　芳香環をもつ導電性プラスチック

なかでも最も多く応用されているのがポリピロール（図（a））である。導電性プラスチックはドーピングという操作によって電気を貯めたり放ったりできる。この性質を応用してポリピロールはバックアップコンデンサーとして、スマホやノートパソコン、携帯型の音楽プレーヤーやゲーム機などにすでに搭載されている。バックアップコンデンサーとは普段は電気を貯めこんでおいて、なんらかの理由、例えば電池切れなどで電源が切れた場合に、メモリーなどに微弱な電流を流して機能を守る電子部品である。ポリピロールはプラスチックであるため、薄くて小さく安い。これがモバイルツールの軽量化・小型化・低価格化に貢献したことは想像に難くないだろう。この部品だけ見ても、導電性プラスチックが私たちの生活のそこかしこですでに活躍していることがわかる。

# 6.2 ピロールの重合反応と触媒のはたらき

導電性プラスチックを合成するにはどうしたらよいだろうか。大きく分けて二つの合成法がある。触媒を用いる合成法と電気化学的な合成法であり，どちらも酸化反応である。本書は触媒に関する実験書なので，当然前者を扱うものとする。なお，後者については，本書の姉妹本『実験でわかる 導電性プラスチックのひみつ』に詳しいので，参考にして欲しい[35]。ここで紹介する実験はその実験書で「もっとも簡単な導電性プラスチックの実験」として取り上げられた「ポリピロールの合成」である。

ピロールはベンゼンに代表される芳香族と呼ばれる有機化合物の一つである。ベンゼン環が炭素原子と水素原子だけからできた6員環なのに対し，ピロール環は窒素原子を含んだ5員環であることを特徴とする。いちいち炭素や水素を5個も6個も書くのは面倒だということで，芳香環は**図6.5**のように略して描く。

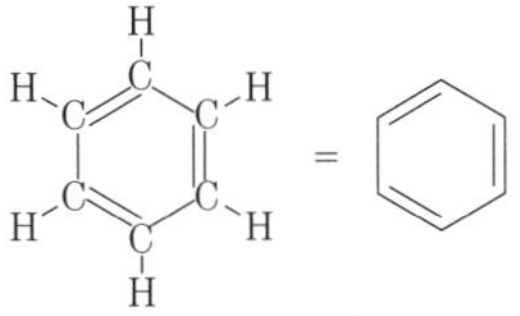

（a）ベンゼン環 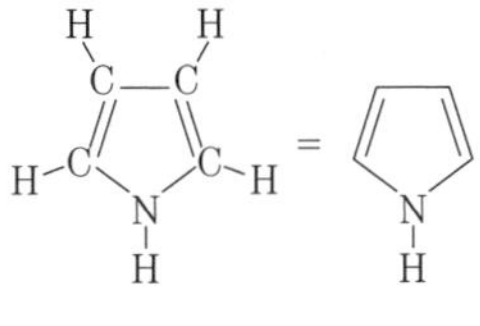　　　　　（b）ピロール環

**図6.5** 芳香環

本書は触媒の実験書なので，導電性プラスチックの合成において触媒がどんなはたらきをしているか，ピロールを化学的に酸化してポリピロールを得る重合法を例に確認していこう。

触媒には鉄（Ⅲ）$Fe^{3+}$ がよく用いられる。塩化鉄（Ⅲ）$FeCl_3$ を用いた触媒酸化重合を例に，起こっている反応を化学式で書くと**図6.6**のようになる。

ここで塩化鉄 $FeCl_3$ はピロールの窒素原子 N の両隣の炭素原子 C にくっついた水素原子 H を引き抜く役割をしていて，それをきっかけにして重合反応

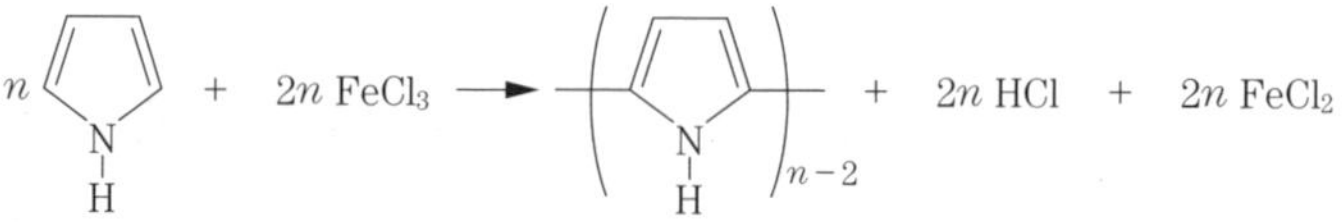

$$n \, \text{（ピロール）} + 2n \, \text{FeCl}_3 \longrightarrow \text{（ポリピロール）}_{n-2} + 2n \, \text{HCl} + 2n \, \text{FeCl}_2$$

図 6.6　触媒酸化重合によるポリピロールの合成

が進行する。

　注目すべき点は塩化鉄 $\text{FeCl}_3$ が触媒だけでなく，もう一つ大切な役割を果たしていることである。導電性を高めるドーパントとしての役割である。

　実は，ただただピロールをつないだだけでは，導電性プラスチックにはならない。仕上げに「ドーピング」と呼ばれる操作をしなければならない。ここでは塩化鉄 $\text{FeCl}_3$ が電子を奪いやすい性質をもつアクセプター（電子受容体）として作用し，ピロール 3 個に対し塩化鉄 $\text{FeCl}_3$ が 1 個の割合でくっついて電子 1 個を引き抜き，ポリピロールに正の電荷をもつポーラロンを生成する。塩化鉄 $\text{FeCl}_3$ 自身は不均化反応と呼ばれる反応で $\text{FeCl}_4{}^-$ と $\text{FeCl}_2$ となる（**図 6.7**）。

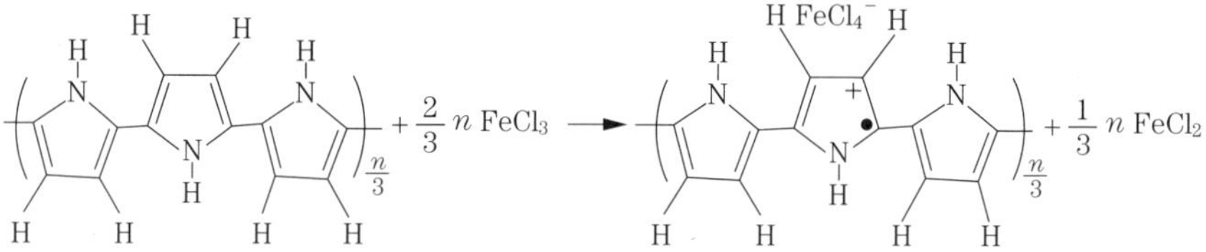

図 6.7　塩化鉄 $\text{FeCl}_3$ による化学ドーピング

　まとめると塩化鉄 $\text{FeCl}_3$ は触媒であると同時に，重合によりピロールがたくさんつながっていくとドーパントとしての役割ももち，ポリピロールは $\text{FeCl}_4{}^-$ によって化学ドーピングされている。

　少し話を戻して触媒についても解説しておこう。塩化鉄（Ⅲ）$\text{FeCl}_3$ は反応後，一部が塩化鉄（Ⅱ）$\text{FeCl}_2$ に還元されてしまうのは「反応の前後で変化しない」という点を考えると，今までとは違う気がしてしまう。ただ，この反応において触媒が酸化重合反応をスピードアップしてくれるような物質であることに変わりはなく，その点，重合触媒と呼んでよい。

　先述のようにピロールの重合触媒には鉄塩（Ⅲ）が多く用いられ，具体的に

は塩化鉄（Ⅲ）$FeCl_3$，過塩素酸鉄（Ⅲ）$Fe(ClO_4)_3$や$p$-トルエンスルホン酸鉄（Ⅲ）$Fe(OTs)_3$などである。いずれも水やアルコールに溶けやすいが，有機溶媒中の反応では，それに溶けやすい過塩素酸鉄や$p$-トルエンスルホン酸鉄（Ⅲ）（**図 6.8**）がよく用いられる。

**図 6.8**　$p$-トルエンスルホン酸鉄（Ⅲ）

水であれ有機溶媒であれ，ピロールを溶解し，触媒となる鉄塩（Ⅲ）を加えるとたちまち溶液は黒ずんでいき，やがて黒い粉末状のポリピロールが生成する。ポリピロールは不溶不融であるため，プラスチックであるにもかかわらず，加工性は良くない。この短所を改善するために，$N$位（窒素原子）の水素原子をアルキル基などで置換したポリピロールも存在するが，電気伝導度が下がってしまうなど，導電性プラスチックとして利用するには難がある。ただし，液晶基のような特殊な置換基を$N$位に導入したポリピロールもよく研究されており，その機能性を応用した用途も開発されている[33),34),36),37)]。

さぁ，実際にポリピロールを合成してみよう。

## 6.3　実　　　　　験

【実験動画】　本章で紹介する実験の動画を用意した。右記の QR コードを読み込むか，コロナ社の web ページ（https://www.corona

sha.co.jp/）の『実験でわかる 電気をとおすプラスチックのひみつ』の紹介ペー
ジから見ることができる（本書の紹介ページではないので注意）。


【レベル】小学 4 年生以上

【実験場所】理科室・実験室・科学館（通気を良くして行うこと）

【実験時間】1 ～ 2 時間（準備・後片付けを除く）

　電極上での反応である電気化学重合も，溶液中で粉末状のポリピロールが生
成する触媒酸化重合も大面積のポリピロールを得るのは困難である。しかし，
触媒を塗布したシートをピロールの蒸気に触れさせると，重合反応が起こり，
ポリピロール薄膜が簡単に得られる。黄褐色の鉄触媒に対して，ポリピロール
は黒色であるため，反応が起こったことは一目瞭然である。

**図 6.9**　導電チェッカー「トオル君」

　　実験としての面白さと，導電性プラス
チックが実際に電気をとおすことを確
認するという重要な操作に必要である
ことから，「トオル君」（**図 6.9**，☞
**Point 1**）の工作を同時に行うことが望
ましい。

　　触媒には入手しやすさから塩化鉄
$FeCl_3$ を使用し，あとはピロールさえ購

入できれば，小中学校の理科室でも十分に実験可能である。のちに洗濯のりを
加えるので，結果的に水が入ることを考えると，塩化鉄は無水物である必要は
なく，六水和物 $FeCl_3 \cdot 6H_2O$ を使用してもよい。

【器具】

　　□ビーカー（50 mL 用）……1

　　□電子天秤（感量 0.1 g）……1

　　□メスシリンダー（50 mL 用）……1

　　□薬さじ……1

　　□ガラス棒……1

□ヘアドライヤー……1

□シャーレ（90 mmφ）……1

□OHP シート（100 mm×100 mm×0.1 mm, 市販品を加工）……各 1[†1]

□ろ紙（No.1, 240 mmφ）……各 1

□マスキングテープ……各 1

□ポリスポイト（**図 6.10**）……各 1

□試験管（30 mmφ×200 mm, **リムなし**）……各 1

□キムワイプ[†2]

**図 6.10** ポリスポイト（0.3〜0.5 mL に印をつけておく）

**【試薬】**（20〜30 人分, **図 6.11**（a））

□塩化鉄 $FeCl_3$　5.0 g（または塩化鉄 $FeCl_3 \cdot 6H_2O$　8.3 g）

□ピロール $C_4H_5N$　10 mL 程度（☞ **Point 2**）

□エタノール $C_2H_5OH$　5.0 mL

**【その他の材料】**（20〜30 人分, 図 6.11（b））

□洗濯のり（PVA を主成分とする市販品☞ **Point 1**）約 20 mL

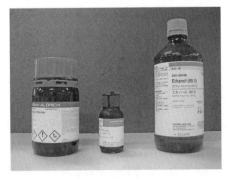

（a）試薬(左から塩化鉄, ピロール, エタノール)　　　（b）洗濯のり

**図 6.11**　今回の実験で用いる試薬と洗濯のり

---

†1　実験者一人ひとりに必要な数量は「各 1」のように記す。

†2　本書で使用している会社名, 製品名は, 一般に各社の商標または登録商標である。本書では ® と TM, © は明記していない。

## 【実験操作】

**Step 0**　（事前準備）触媒溶液を作る（**図 6.12**）

1. 電子天秤にビーカーをのせて塩化鉄 $FeCl_3$　5.0 g（または $FeCl_3 \cdot 6H_2O$ 8.3 g）を量り取り，エタノール 5.0 mL を入れて溶かす。

2. 洗濯のりを約 20 mL 加え，均一になるまで撹拌する（可能ならマグネチックスターラーを使用したほうが楽である）。

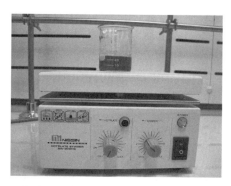

（ a ）塩化鉄の秤量　　　　（ b ）マグネチックスターラーによる撹拌

**図 6.12**　触媒溶液を作る

**Step 1**　触媒溶液の塗布（**図 6.13**）

1. ろ紙をマスキングテープで実験台に固定する（図（ a ））。

2. OHP シートを**ろ紙の中心よりも少し下側に置いて**，マスキングテープで実験台に固定する（図（ b ））。

3. ポリスポイトで触媒溶液を OHP シートの**手前側に一直線に**のせる（図（ c ））。

4. 試験管に軽く手を添え，**回転させないように注意しながら**，手前から奥にスライドさせ，OHP シートに触媒溶液を塗りつける（図（ d ））。

5. この際，試験管は OHP シートの**向こう側まで**スライドさせて，あまった触媒溶液を上部のろ紙に吸収させる（図（ e ））。

6. ヘアドライヤー（OHP シートから **20 cm 程度離し，温風「弱」**）で触媒溶液を乾かす（図（ f ））。

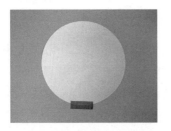

（a）ろ紙を固定する

（b）OHP シートを固定する

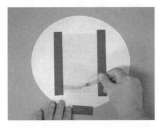

（c）触媒溶液をのせる

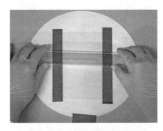

（d）触媒溶液を塗る

（e）あまった触媒溶液を吸収させる

（f）触媒溶液を乾かす

（g）触媒だけの導電性を確かめる

**図 6.13** 触媒溶液の塗布

7.　できた膜を導電チェッカー「トオル君」で触れてみて「**触媒のみでは電気がとおらない**」ことを確かめる（図（g））。触媒が十分に乾いていないとイオン伝導により「トオル君」が点灯することがある（☞ **Point 4**）。

**Step 2**　ピロールの重合と合成したポリピロールの導電性の確認（**図 6.14**）

1.　シャーレの底にキムワイプを 1 枚敷き，一様に濡れる程度にピロールを浸み込ませて蓋をしておく（図（a））。

2.　Step 1 で作ったシートを，触媒を塗った面を下にしてシャーレを覆うように置き，ピロールの蒸気に 10 ～ 25 秒さらす（図（b），シャーレをろ紙上に置くと変化が見やすい）。

3.　できたポリピロールの黒い膜を観察する（図（c））。

4.　導電チェッカー「トオル君」で黒い膜に触れてみて，合成したポリピロー

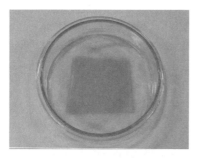

（a）ピロールを準備する

（b）ピロールを重合する

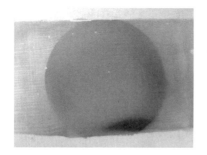

（c）ポリピロールを観察する

（d）導電性を確かめる

**図 6.14**　ピロールの重合と合成したポリピロールの導電性の確認

ルに電気がとおることを確かめる（図（d））。

## 【実験のコツと注意点】

### Point 1　導電チェッカー「トオル君」の作り方

　本章の実験で重要な役割を果たすのが導電チェッカー「トオル君」である（図6.9）。ポリピロールを合成して「はい，その黒い膜が導電性プラスチックです」と自信満々にいわれても，へぇ～とは思うが，ポカンとしてしまうし，本当かなぁと疑いたくもなる。

　せっかく導電性プラスチックを合成したのだから，本当に電気がとおるのか確かめてみなくては，なにか肝心なものが欠けているようで，どうにもすっきりしない。市販のテスターで抵抗が変化することを確認できるが，なにか微妙……パッとしない……。

　そんな不満を解決してくれるのが「トオル君」である。これは，かつて東京・お台場の日本科学未来館のボランティアだった佐伯聡が考案し，現在も同館のボランティアチーム「ノーベル隊」に引き継がれている。小学生でも簡単な工作で作れるとあって，イベントでも人気を博している。もちろん日本科学未来館で行われている実験教室「ノーベル賞化学者からのメッセージ『白川英樹博士×実験工房』」でも大活躍しており，導電性プラスチックの実験にはなくてはならないものになった。

　ここで，その作り方を紹介する。まず，回路図は**図 6.15** のようになる。なんの変哲もない回路のようだが，これを導電チェッカーに使おうと思いついた発想はさすがである。

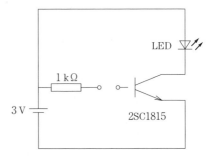

**図 6.15**　導電チェッカー「トオル君」の回路図（真ん中の二つの○が接触端子）

　続いて，**図 6.16 ～ 図 6.18** に実際に導電チェッカー「トオル君」を組み立てる方法を示す（文献 17 を一部改変，図の一部は科学コミュニケーターの中川映理[†]が作成）。

---

　†　所属は 2011 年 3 月時点。

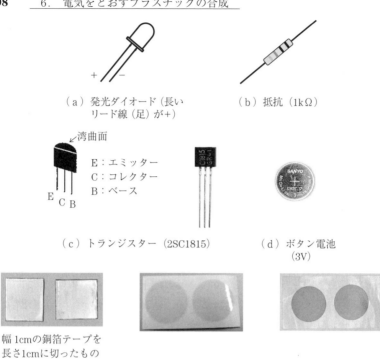

（a）発光ダイオード（長い
　　リード線（足）が＋）

（b）抵抗（1kΩ）

E：エミッター
C：コレクター
B：ベース

（c）トランジスター（2SC1815）

（d）ボタン電池
　　（3V）

幅1cmの銅箔テープを
長さ1cmに切ったもの
2片

（e）導電性粘着剤付
　　銅箔テープ

（f）丸型透明シール

（g）丸型シール

**図6.16**　「トオル君」の部品

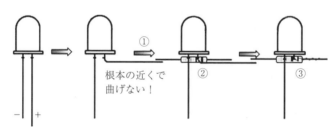

根本の近くで
曲げない！

① 発光ダイオードの長いほうの足（＋側）が右側になるようにして，長いほうの足を直
　角に曲げる。このとき，あまり根本の近くで曲げないようにする。
② 抵抗を発光ダイオードの後ろ側に置く。
③ 直角に曲げた発光ダイオードの長い足に抵抗の右側の足を巻きつける。
　（逆に発光ダイオードの足を抵抗に巻きつけようとすると，発光ダイオードの足が折れ
　るので注意！）

**図6.17**　「トオル君」の組立て前の準備（つづく）

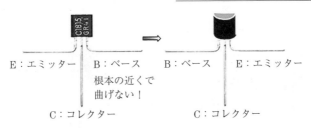

④トランジスターの足を直角に曲げ，湾曲面を前にする。

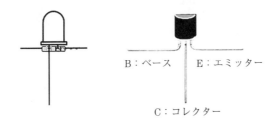

この図のようになっていれば準備 O.K.。

図 **6.17**　（つづき）

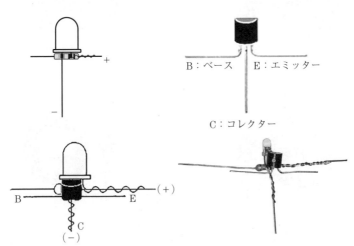

① トランジスターの湾曲面を手前にして，発光ダイオードの曲げていない足
に，トランジスターの真ん中の足（C）を巻きつける。

図 **6.18**　導電チェッカー「トオル君」の組立て方（つづく）

② 上図のように，トランジスターの足の長さに合わせて，抵抗の足をニッパーで切る。

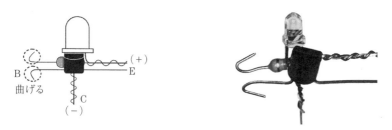

③ 上図のように抵抗とトランジスターの足をラジオペンチで曲げる。

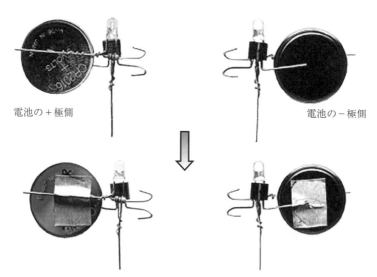

④ ボタン電池の＋極と－極を間違えないように，上図のようにはさんで，まず銅箔
テープで足（リード線）を固定する。

**図6.18** （つづき）

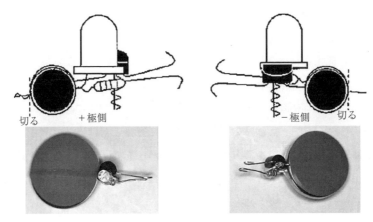

⑤ 丸形透明シールをその上から貼って固定し，最後に＋極側に赤，－極側に青の
丸形シールを貼り，はみ出た線をニッパーで切る。

**図 6.18** （つづき）

　だれでもできるように，また，簡単な部品と手近な工具で組み立てられるよ
うに工夫されているので，これだけでも工作教室として成り立つのは納得でき
るし，十分楽しめる。そして自ら組み立てた「トオル君」がお土産になる。

　さらに良いことには家でも学校でも，「トオル君」を使ってなにに電気がと
おり，なにに電気がとおらないのか，実験ができる。これほど素晴らしい教材
はなかなか存在しない。化学は教室や実験室のみにあるのではなく，どこにで
も，だれの傍らにも存在する身近な存在なのである。

　なお，ボタン電池については下記のことに気をつけよう。

・充電，ショート，分解，加熱，火中投入しない。

・他の金属や電池とは混ぜない。

・廃棄や保存をする際はテープなどで巻きつけて絶縁する。

・電池は幼児の手の届かないところに置く。

・万一飲み込んだ場合は，医師に相談する。

　また，「トオル君」については，下記の2点に注意すること。

・プラス，マイナスを正しく使うこと。

・電池を廃棄する場合は，各自治体の指示に従うこと。

**Point 2**　ピロールは臭い

　ピロールやチオフェンなど，本書に登場する導電性プラスチックの原料となる芳香族有機化合物は，はっきりいって「**臭い**」。臭いだけなら多少は我慢のしようもあるが，人体に有害とくるから気合だけではどうにもならない。しかも厄介なことに，有機化合物の蒸気は空気より重く，空間にたまりやすい性質をもつ。したがって，**実験室の通気を良くして行うことは当然として，実験によっては局所排気装置であるドラフトチャンバーを備えていることが必須**となる。万が一，実験中に気分が悪くなった場合はただちに実験室から出て，回復するまで新鮮な空気を吸うことが大事である。

**Point 3**　触媒溶液についての注意点

　塩化鉄は空気中の水分を吸って溶液になる性質（潮解性）をもつので，すばやく秤量(ひょうりょう)する。塩化鉄は触媒溶液の中で加水分解して**強い酸性**を示す。よって，**皮膚についたり，目に入ったりした場合はただちに大量の水で洗い流す**こと。

　また，触媒溶液を塗りやすくするために加える**ポリビニルアルコール（PVA）は，市販の洗濯のりが望ましい**。ただ市販されている洗濯のりの中には，ポリ酢酸ビニルを用いたものもあるので，主成分がPVAであることを確認してから使って欲しい。試薬のポリビニルアルコールの粉末は溶かすのに一苦労するので避ける。

**Point 4**　あれっ？　重合しない？？

　触媒溶液をしっかり塗りつけて，OHPシートをピロールの蒸気にさらしたのに，さっぱり重合してくれないという事態がしばしば起こる（特に，寒い実験室で）。これはピロールが十分に蒸発していないために起こるので，こういう場合は慌てずに，シャーレの底を手の平で温めてみよう。なお，使い捨てカイロで温めるという裏ワザもある。

　このことから，**ある濃度以上のピロール蒸気と触媒が接触することが，重合が起こるための条件**と考えてよい。よって，重合直前までシャーレは蓋をしておいて，蓋を開けたらすぐにOHPシートで覆い，濃いピロール蒸気に触媒をさらして重合するのがコツである。また，図6.14（b）のように，開けたシャー

レの蓋を OHP シートの上に置き，ピロールの入ったシャーレと OHP シートを
密着させるのも良い工夫である。

**Point 5**　触媒だけでも電気がとおる？

　この実験の見せ場の一つは，触媒のみだと電気がとおらないのに，ポリピロー
ルができると見事に電気がとおって，トオル君の LED が光る瞬間である。し
かしときとして，触媒だけでも電気がとおってしまうことがある。これは**乾燥
が不十分なためで，触媒溶液のイオン伝導に起因**する。ところが乾燥しすぎて
も重合が進みにくくなるという難点がある。どの程度まで乾かせばうまくいく
かは何度か試して見極めるしかなく，事前に何度かリハーサルをして，ここぞ
という勘所を心得ておくことをお勧めしたい。

# 7 Suzuki クロスカップリング
## ──ノーベル賞と触媒2──

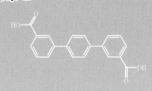

　6章では2000年ノーベル化学賞に輝いた電気をとおすプラスチックについての実験をした。導電性プラスチックの10年後，パラジウム触媒を用いたクロスカップリング反応の開発によって，日本人化学者が再びノーベル化学賞を受賞した。触媒反応そのものが受賞理由であり，触媒や有機合成化学を研究する者たちにとって福音であった。本章ではクロスカップリング反応を簡単に体験できる実験を紹介する。

## 7.1　クロスカップリング反応

　私たち化学者は建築家がビルをデザインするように物質をデザインする。こんな物質を作ったら強いプラスチックができるに違いないとか，医薬品の有効成分をこんな分子構造に変えたらもっと良い効果を発揮するだろうとか，いろいろと考えを巡らせてデザインする。それは別の見方をするなら，さながら炭素や水素や酸素といった元素やそれらの結合という言語で書かれたプログラムのようで，分子構造が機能をもつのである。

　では実際にデザインしたとおりに分子を合成するのは簡単なことだろうか？残念ながら近代化学が成立してから200年あまり，有機化学がさかんに研究されるようになってから150年を経るが，思いどおりに分子を操るのはそうたやすいことではない。しかし，私たち化学者はそれにチャレンジし続ける。化学者は数nm（ナノメートル）という通常の顕微鏡ではとても見えない世界の建築家であり，プログラマーなのだから。そんな困難の中，分子と分子を自由自在に，まるでブロックのように組み合わせることを可能にした，夢のよう

な反応がある。それこそがクロスカップリング反応にほかならない。

例えば，**図7.1**のような分子を合成したいとしよう。4-シアノペンチルビフェニルという物質であるが，いわゆる液晶性と呼ばれる性質をもつ。液晶として機能させるためには，ベンゼン環というリングが二つつながったビフェニルという骨格のどこにシアノ基-CNとペンチル基-$CH_2CH_2CH_2CH_2CH_3$が置換するかがとても重要である。ビフェニルを挟んでシアノ基とペンチル基が，ちょうど向かい合うように結合しなければならないのである。

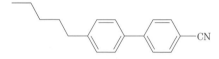

**図7.1** 4-シアノペンチルビフェニル

ここで，どんな物質を反応させれば目的の4-シアノペンチルビフェニルが得られるかということが問題になる。例えば，原料になりそうなペンチルベンゼン（**図7.2**（a））とシアノベンゼン（ベンゾニトリル）（図（b））を混ぜただけでは反応は起こらないし，仮に反応が起こったとしても思いどおりの場所でベンゼン環が結合してくれるとは限らない。

（a）ペンチルベンゼン 　　（b）シアノベンゼン

**図7.2** ペンチルベンゼンとシアノベンゼン

そこで確実に反応させるためには反応して欲しい場所に，いわば目印代わりに反応性に富んだ置換基を導入しておく必要がある。例えば，Suzukiクロスカップリングで4-シアノペンチルビフェニルを合成するなら，シアノベンゼンに臭素-Brを，ペンチルベンゼンにボロン酸-$B(OH)_2$をそれぞれ置換し，4-ペンチルフェニルボロン酸（**図7.3**（a））と4-ブロモシアノベンゼン（図（b））にしておく。

ここに肝心要のパラジウム触媒を加えるとSuzukiクロスカップリングによって4-シアノペンチルビフェニルを合成できる（**図7.4**）。

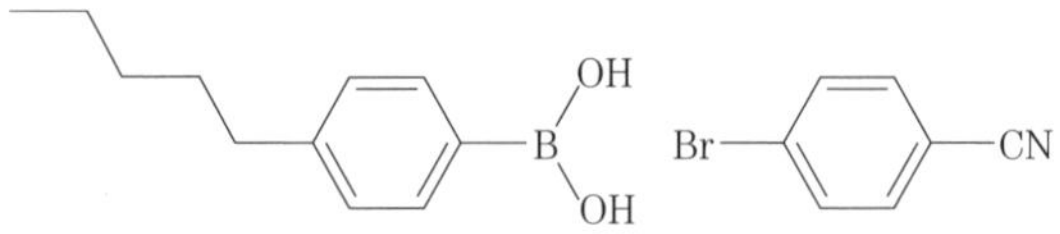

（a）4-ペンチルフェニルボロン酸　（b）4-ブロモシアノベンゼン

**図 7.3**　4-ペンチルフェニルボロン酸と 4-ブロモシアノベンゼン

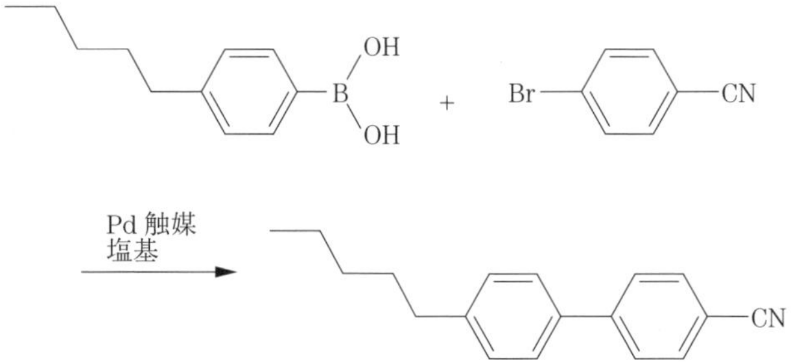

**図 7.4**　Suzuki クロスカップリングによる 4-シアノペンチルビフェニルの合成

　まずパラジウムが 4-ブロモシアノベンゼンの臭素とベンゼン環の間に割り込む，酸化的付加がおきる。通常，この反応は塩基性条件下で行われるので，ボロン酸はナトリウム塩やカリウム塩になっており，結果的にホウ素が結合している炭素は電子に富んだ状態になっている。ここでパラジウムとホウ素の交換がおこり，パラジウムを挟んでシアノベンゼンとペンチルベンゼンがつながった状態になる。最後にパラジウムが外れて還元的脱離が起き，シアノベンゼンとペンチルベンゼンがつながり，めでたく目的の分子が完成するというのが Suzuki クロスカップリングのからくりである（**図 7.5**）。

　Suzuki クロスカップリングに代表されるクロスカップリング反応の優れた点は，前述のように目印のような元素を導入して，それらと優先的に反応する触媒を用い，思いどおりの反応を実現した点である。実際，ここで示した例（図7.5）で目的の 4-シアノペンチルビフェニル以外の分子は，ほぼ生成しようがないことは想像に難くない。この反応は金属触媒を介して別の分子どうしを結合させるという意味でクロスカップリングと呼ばれている。考えうる副反応としては，図 7.5 の例ではブロモシアノベンゼンどうしが結合してしまうホモ

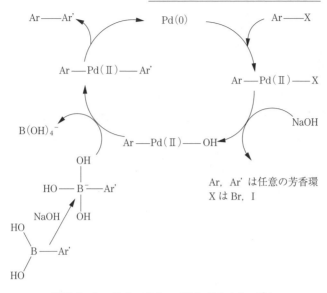

**図7.5** Suzukiクロスカップリングのメカニズム

カップリングがあるが，これも反応条件を工夫することで抑制することが可能である。すなわち，デザインした分子を狙いどおりに合成できる選択性の高さがクロスカップリング反応，最大の売りであるといえるだろう。

　ちなみに，4-シアノペンチルビフェニルによる液晶は灰色に黒で文字や記号が表示されるタイプのデジタル時計や電卓などでおなじみの，シンプルな液晶である（**図7.6**）。

**図7.6** 4-シアノペンチルビフェニルを
使った液晶

有機化合物を思いのままに合成できるクロスカップリング。なかでも特によく用いられるパラジウムを触媒に用いるクロスカップリング反応の開発の功績により 2010 年，3 人の化学者がノーベル化学賞を受賞した。その R. ヘック，根岸英一，鈴木章の 3 人は，それぞれ Heck 反応（触媒：パラジウム），Negishi クロスカップリング（触媒：パラジウムと亜鉛の組み合わせ），Suzuki クロスカップリング（触媒：パラジウムとホウ素の組み合わせ）を開発した（**図7.7**）。

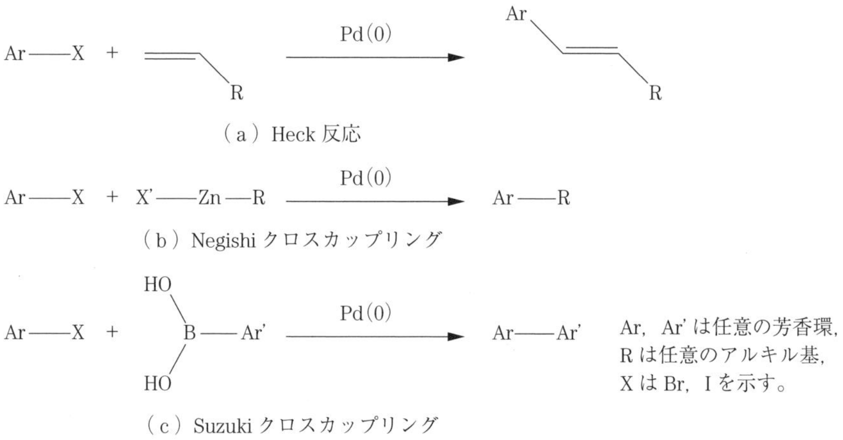

Ar——X　+　＝＝＜R　　　$\xrightarrow{\text{Pd(0)}}$　　　Ar＼＝＼R

（ a ）Heck 反応

Ar——X　+　X'——Zn——R　$\xrightarrow{\text{Pd(0)}}$　Ar——R

（ b ）Negishi クロスカップリング

Ar——X　+　HO＼B——Ar'（HO＼）　$\xrightarrow{\text{Pd(0)}}$　Ar——Ar'　Ar, Ar' は任意の芳香環，R は任意のアルキル基，X は Br, I を示す。

（ c ）Suzuki クロスカップリング

**図 7.7**　Heck 反応，Negishi クロスカップリング，Suzuki クロスカップリング

そもそもパラジウム Pd を用いるクロスカップリングの先駆的研究では，彼ら以外にも辻(パラジウム触媒)，溝呂木(ヘックと同時期に同様の反応を研究)，村橋（パラジウムとリチウムの組合せ）や薗頭，萩原（パラジウムと銅の組合せ），右田，小杉，スティル（パラジウムとスズの組合せ）など日本人化学者が幾人も関わってきた。またパラジウム以外の金属を触媒に用いるクロスカップリング，例えばニッケルを触媒に用いるクロスカップリング反応（ニッケルとマグネシウムとの組合せ）では玉尾，熊田らの研究などの例がある。これらは数え上げればきりがないし，網羅すれば優に書籍 1 冊分にはなるので，詳しい解説は成書にゆだねることにする。

　その中でも，Suzuki クロスカップリングはさらなる発展を遂げ続けている。

特に画期的だったのは，ボロン酸をピナコールエステル（ピナコラートボラン）化したことで有機溶媒への溶解性が飛躍的に向上し，これにより有機 EL 材料や導電性ポリマーの開発を加速した Suzuki-Miyaura クロスカップリングの開発である。大学院時代にこれらの物質の合成に明け暮れた筆者にとって特にお世話になった反応である。応用の範囲も広がり続け，柴崎らによるインフルエンザの特効薬タミフルの合成などに象徴されるように，製薬の領域では欠かすことのできない反応となったといってよい。またパラジウムという貴金属に頼らず，より安価な金属や，さらには金属を用いないクロスカップリング反応も研究されており，さまざまな分野での応用が期待できる研究分野といえるだろう [38),39)]。

## 7.2 突然の解説トークから実験教室まで

### 7.2.1 5 年前の実験，10 年前の予感

まったくの偶然なのだが，筆者は大学院時代に集中講義でクロスカップリングを含む有機ホウ素化学について Suzuki-Miyaura カップリングで知られる宮浦憲夫の講義を受けたことがある。丁寧で面白い講義で引き込まれるように聴いた。自分の研究にすぐ役立つ内容だったし，とにかくやってみたくなった。

筆者自身がクロスカップリングを使って，さまざまな物質を合成して研究を進めたのはいうまでもない。これほどまで便利な反応があるだろうかというくらい，導電性ポリマーやその前駆体を合成するのに絶大な威力を発揮したため，クロスカップリングのありがたみは身に染みてよく知っていたので，これはノーベル賞を取ってもおかしくないと予感したのが受賞の 10 年前のことである。

いろいろな文献を調べるうちに，化学教育に Suzuki クロスカップリングを使おうという，これまた魅力的な文献に出会うことになる。国立科学博物館の工藤一秋（当時，現 東京大学生産技術研究所教授）によるもので，一般向けの化学雑誌「現代化学」[40)] に掲載されていた。そこには Suzuki クロスカップリ

ングを手軽に体験できる実験が紹介されていた。入手しやすい試薬と簡単な操作でクロスカップリングを実際に行えるという驚きは記憶の片隅に残った。

## 7.2.2　実験教室ができるまで

2010 年のノーベル化学賞はパラジウムを触媒とするクロスカップリング反応に決まった。発表直後の夕刻，筆者は当時の職場の日本科学未来館に呼び出され，その日のうちに解説トークを作り，翌朝 10 時から実施して欲しいと言われてしまう。そこから不眠不休の日々が始まった。翌朝フラフラで壇上に登り，なんとか解説トークは完成・実現したものの，当初 20 名にも満たなかった聴衆は日増しに膨れ上がって週末には 100 人以上になった。平日 2 ステージ休日 3 ステージをこなしていたのだから自分でも驚かされる。ほかにも新聞・テレビ・ネットニュースなどメディア対応も任されてしまい，本当に忙しかった。世の人々は大学教授が難解な専門用語で行う解説ではなく，平易で面白く聴ける解説を望んでいたように思う。とにかく，あのときの熱気はすさまじかった。ただし筆者に勇気を与えてくれたのも事実で，敬遠されがちな有機化学も見せ方次第で人気を呼ぶということを証明できた気がした。

余勢を駆って，12 月のノーベル賞授賞式に合わせて実験教室を開催しようという提案をした。開発期間 2 か月にも満たないとあって，これも無茶といえば無茶な話だが，ボランティアスタッフ「ノーベル隊」のさまざまな方々の協力に支えられて実際に実験教室は完成し，大成功を収めた。それが化学実験教室「やってみよう！　クロスカップリング！」である。その後，ほかの博物館や大学での実施を経て，約 1 年後，再び未来館で「帰ってきた　クロスカップリング」を旧知のノーベル隊とともに実施できたことは，すでに職場を離れていた筆者にとって実に感慨深かった。

もちろん，こんなにも早く実験教室が実施できたのは元ネタがあったからである。もう気づいた方もいると思うが，5 年前に読んだ現代化学の記事がヒントになった。その反応は $p$-ブロモ安息香酸とフェニルボロン酸を塩基性の炭酸ナトリウム水溶液中で Suzuki クロスカップリングして，ビフェニルカルボ

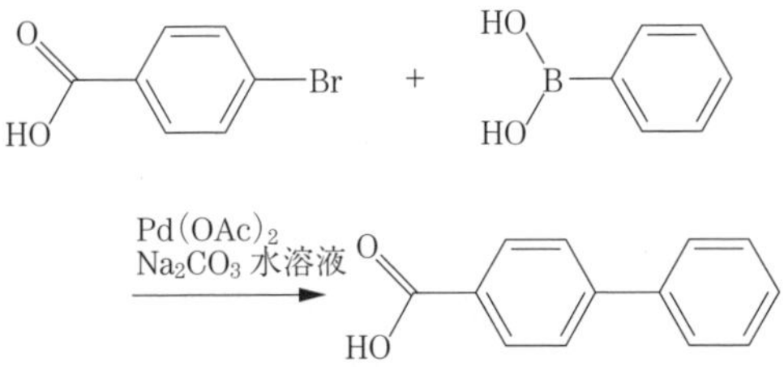

**図7.8**　実験教室で行う Suzuki カップリング ①

ン酸（別名；*p*-フェニル安息香酸）を得るというもの（**図7.8**）。

　炭酸ナトリウムが入っているので，*p*-ブロモ安息香酸とフェニルボロン酸はそれぞれナトリウム塩になって水に溶けやすくなる。しかし，パラジウム触媒を入れた直後に反応が起こってたちまち白い沈殿が生じる。生成物のビフェニルカルボン酸もナトリウム塩で生じるが，反応物に比べて水溶性に乏しいため，溶けきれなくなって析出するというわけだ。

　ちなみに文献を読み進むと精製やクロマトグラフィーの話が始まるのだが，正直時間がかかるし，ただただ「Suzuki クロスカップリングをやってみたい！」というだけの実験教室には不向きなのでバッサリ割愛した。逆に知識を深めたい場合，例えば筆者は学生化学実験のテーマとして Suzuki クロスカップリングを採用しているが，そうなると精製・分析はとても重要なパートなので，じっくり実験・考察させている。

　話を反応そのものに戻すと，溶媒は水で有機溶媒の使用は最低限。火も使わずに反応そのものは30秒もあれば充分進行し，目で見て変化がはっきり分かるという設計はとても秀逸である。演示実験としても使えるし，実験教室にアレンジできるポテンシャルを感じた。ただ生成物がビフェニルカルボン酸だと，いまいちインパクトが弱いとも感じた。ビフェニル化合物なので蛍光性があり，紫外線照射によって青紫色に蛍光発光するのだが，蛍光強度はそれほど強くないのだ。

　そこでフェニルボロン酸を *p*-フェニレンジボロン酸に換え，*p*-ブロモ安息香酸を *m*-ブロモ安息香酸に換えて倍加え，テルフェニル（ターフェニルとも

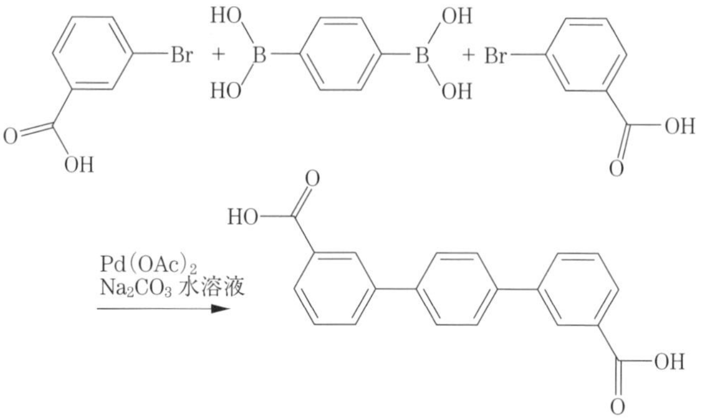

図7.9 の反応式

**図 7.9**　実験教室で行う Suzuki カップリング ②

呼ばれる）化合物を合成することにした（**図7.9**）。

　反応で生じるテルフェニルジカルボン酸はビフェニル化合物よりも，はるか
に強い蛍光性をもつため，紫外線照射で青く光る。強い発光という現象によっ
て実験教室は盛り上がるので（詳しくは第5章を参照），満足感を高めること
に成功したのである。

# 7.3　実　　　　　験

【実験動画】　本章で紹介する実験の動画を用意した。左記の QR
コードを読み込むか，コロナ社の web ページ（https://www.corona
sha.co.jp/）の本書の紹介ページから見ることができる。

【レベル】小学5年生以上

## 7.3.1　二つの反応とバリエーション

　ここでは Suzuki クロスカップリングの二つのバリエーションを紹介する。

　一つは，文献に書かれたビフェニル化合物を合成する反応（図7.8）で最も
手軽に Suzuki カップリングを体験できる。より確実に実験を成功させるため
にいくつかコツを指摘しながら，実験方法を確認したい。予算の関係で，実際

にはこちらを行うことが多いと思われる。

　もう一つは，アレンジを加えたテルフェニル化合物を合成する反応（図7.9）。
フェニルジボロン酸がやや高価なため，多人数で行うには向かないかもしれな
いが，7.2.2項で触れたように生成物が強く蛍光発光するので，演示実験など
に向いている。

　それでは早速，実験をしてみよう。

### ● 7.3.2　ビフェニルカルボン酸（別名：$p$-フェニル安息香酸）の合成

【器具】（図7.10 ～ 13）

　□コニカルビーカー（100 mL 用，または三角フラスコ）……1

　□薬さじ……2

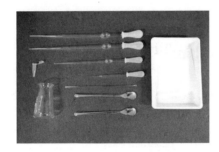

**図7.10**　この実験で用いる器具①

**図7.11**　この実験で用いる器具②

**図7.12**　この実験で用いる器具③

**図7.13**　この実験で用いる器具④

☐スパチュラ小……1

☐エッペンドルフチューブ……1

☐駒込ピペット（1 mL 用）……1

☐駒込ピペット（5 mL 用）……2

☐パスツールピペット……1

☐電子天秤……1

☐精密電子化学天秤（感量 0.1 mg）……1

☐薬包紙……1

☐紫外線ランプ（ブラックライト）……1

☐ウォーターバス……1

☐氷浴……1

☐ヘアドライヤー……1

**【試薬】**（図 **7.14** または図 **7.15**）

☐フェニルボロン酸（$C_6H_5B(OH)_2$：式量 121.93）白色結晶（もしくはクリーム色の結晶，色の違いはその純度による），融点 216℃

☐p-ブロモ安息香酸（Br-$C_6H_4$COOH：式量 201.02），白色結晶，融点 253℃

☐炭酸ナトリウム（$Na_2CO_3$：式量 105.99）白色結晶，吸湿性

☐酢酸パラジウム（Pd($CH_3$COO)$_2$：式量 224.51），褐色粉末

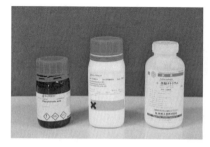

左から，フェニルボロン酸，p-ブロモ安息香酸，炭酸ナトリウム

**図 7.14** この実験で用いる試薬 ①

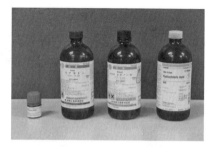

左から，酢酸パラジウム，アセトン，メタノール，塩酸

**図 7.15** この実験で用いる試薬 ②

□アセトン（CH₃COCH₃：式量 58.08）無色液体，沸点 56.5 ℃，密度 0.79 g/cm³，引火性

□メタノール（CH₃OH：式量 32.04）無色液体，沸点 64.7 ℃，密度 0.79 g/cm³，引火性

□塩酸（HCl：式量 36.46），無色液体，密度 1.18 g/cm³，発煙性・強酸性，必ずドラフトチャンバー内で扱うこと

□純水（H₂O：式量 18.01）密度 1.00 g/cm³，蒸留水またはイオン交換水

## 【実験操作】

**Step 0**　実験前に以下の溶液を調製しておく。

① 0.75 M 炭酸ナトリウム水溶液

　炭酸ナトリウム 8.0 g に純水を加えて溶解させ，全体で 100 mL にする。

② 2.0 M 塩酸

　濃塩酸 5.0 mL を純水で希釈し，全体で 30 mL にする（☞ **Point 1**）。

③ 触媒溶液（0.20 ％酢酸パラジウムアセトン溶液）

　精密電子化学天秤を用いて，エッペンドルフチューブに酢酸パラジウム 2.0 mg を量りとり（**図 7.16**），その中に駒込ピペット（1 mL 用）を使ってアセトン 1.0 mL を加え，溶解させる。なお，触媒溶液は実験当日に調製するのが望ましいが，やむなく作り置きする場合はエッペンドルフチューブをアルミ箔で覆い，冷蔵庫で保管すること。

**図 7.16**　触媒溶液の調製

**図 7.17**　試薬の混合

**Step 1**　コニカルビーカーにフェニルボロン酸 0.060 g，p-ブロモ安息香酸 0.10 g を量り入れ，0.75 M 炭酸ナトリウム水溶液 4.0 mL を加え，よく混合する。常温では溶け残るため，ヘアドライヤーを用いて軽く加熱して，完全に溶解する（**図 7.17**）。

**Step 2**　パスツールピペットで触媒溶液 1 〜 2 滴（☞ **Point 2**）を加えヘアドライヤーで加熱しながら，激しく撹拌し，反応を促す（**図 7.18**）。

図 7.18　触媒の添加と反応の観察

図 7.19　生成物の放冷

**Step 3**　数分間のうちに反応が終わったら，コニカルビーカーに入った生成物を放冷する（**図 7.19**）。

図 7.20　生成物の酸処理

図 7.21　ウォーターバスの準備

**Step 4** コニカルビーカーにメタノール約 2.0 mL を入れて撹拌し，さらに少しずつ 2.0 M 塩酸 4.0 mL を加えて撹拌する（**図 7.20**）。

この間にウォーターバスを準備し，75 ℃に加熱しておく（**図 7.21**）。

**Step 5** コニカルビーカーに入った生成物をウォーターバスで加熱しながら撹拌する。

メタノールを加減しながら加えて激しく撹拌し，生成物を溶解する。生成物

図 **7.22** 生成物の再結晶

図 **7.23** 氷浴の準備

が完全に溶けたら，まず室温まで冷やす（**図 7.22**）。

この間に氷浴を準備しておく（**図 7.23**）。

**Step 6** コニカルビーカーが室温まで冷えたら，氷浴につけて冷却し，結晶が析出するのを観察する（**図 7.24**）。

もし結晶がなかなか析出しないようなら，ガラス棒などでコニカルビーカー

図 **7.24** 生成物の再結晶

図 **7.25** 蛍光発光の観察

の底を軽くこするなど，刺激を与えてみる。

**Step 7**　結晶が析出したら部屋を暗くして，コニカルビーカー内の結晶に紫外線を当て，蛍光発光の様子を観察する。このとき，蛍光の色，強さ，広がりに注意するとよい（**図 7.25**）。

　なお，この実験でできるビフェニルカルボン酸（別名：$p$-フェニル安息香酸）の蛍光発光は，あまり強くない。

### ●7.3.3　テルフェニルジカルボン酸の合成

**【器具】**（図 7.12 および図 7.13 と同じ）

□コニカルビーカー（100 mL 用，または三角フラスコ）……1

□薬さじ……2

□スパチュラ小……1

□エッペンドルフチューブ……1

□駒込ピペット（1 mL 用）……1

□駒込ピペット（5 mL 用）……2

□パスツールピペット……1

□電子天秤……1

□精密電子化学天秤（感量 0.1 mg）……1

□薬包紙……1

□紫外線ランプ（ブラックライト）……1

□ウォーターバス……1

□氷浴……1

□ヘアドライヤー……1

**【試薬】**（図 7.26）

□$p$-フェニレンジボロン酸（ベンゼンジボロン酸，$C_6H_4[B(OH)_2]_2$：式量 165.75）白色結晶，融点 350 ℃以上

□$m$-ブロモ安息香酸（Br-$C_6H_4$COOH：式量 201.02），白色結晶，融点 158 ℃

**図 7.26** この実験で用いる試薬

□酢酸パラジウム（Pd(CH₃COO)₂：式量 224.51），褐色粉末

□炭酸ナトリウム（Na₂CO₃：式量 105.99）白色結晶，吸湿性

□アセトン（CH₃COCH₃：式量 58.08）無色液体，沸点 56.5 ℃，密度 0.79 g/cm³，引火性

□メタノール（CH₃OH：式量 32.04）無色液体，沸点 64.7 ℃，密度 0.79 g/cm³，引火性

□塩酸（HCl＝36.46），無色液体，密度 1.18 g/cm³，発煙性・強酸性，必ずドラフトチャンバー内で扱うこと

□純水（H₂O＝18.01）密度 1.00 g/cm³，蒸留水またはイオン交換水

## 【実験操作】

**Step 0** 実験前に以下の溶液を調製しておく。

① 0.75 M 炭酸ナトリウム水溶液

炭酸ナトリウム 8.0 g に純水を加えて溶解し，全体で 100 mL にする。

② 2.0 M 塩酸

濃塩酸 5.0 mL を純水で希釈し，全体で 30 mL にする（☞ **Point 1**）。

③ 触媒溶液（0.20 ％酢酸パラジウムアセトン溶液）

精密電子化学天秤を用いて，エッペンドルフチューブに酢酸パラジウム 2.0 mg をはかりとり（図 7.16 に同じ），その中に駒込ピペット（1 mL 用）を使ってアセトン 1.0 mL を加え，溶解する。なお，触媒溶液は実験当日に調製するのが望ましいが，やむなく作り置きする場合はエッペンドルフチューブを

アルミ箔で覆い，冷蔵庫で保管すること。

**Step 1**　コニカルビーカーに $p$-フェニレンジボロン酸 0.083 g，$m$-ブロモ安息香酸 0.20 g をはかり入れ，0.75 M 炭酸ナトリウム水溶液 6.0 mL を加え，よく混合する。常温では溶け残るため，ヘアドライヤーを用いて軽く加熱して，完全に溶解する（**図7.27**）。

**図7.27**　試薬の混合

**図7.28**　触媒の添加と反応の観察

**Step 2**　パスツールピペットで触媒溶液 1〜2 滴（☞ **Point 2**）を加えヘアドライヤーで加熱しながら，激しく撹拌し，反応を促す（**図7.28**）。

**Step 3**　数分間のうちに反応が終わったら，コニカルビーカーに入った生成物を放冷する（**図7.29**）。

**図7.29**　生成物の放冷

**Step 4**　コニカルビーカーにメタノール約 15 mL を入れて撹拌し，さらに少しずつ 2.0 M 塩酸 6.0 mL を加えて撹拌する（**図7.30**）。

　この時点で，すでに蛍光発光は観察できる（☞ **Point 3**）。

　この間にウォーターバスを準備し，75 ℃に加熱しておく（図7.18に同じ）。

**図 7.30**　生成物の酸処理

**図 7.31**　生成物の再結晶

**Step 5**　コニカルビーカーに入った生成物をウォーターバスで加熱しながら撹拌する。メタノールを加減しながら加えて激しく撹拌し，生成物を溶解する。生成物が完全に溶けたら，まず室温まで冷やす（**図 7.31**）。

　この間に氷浴を準備しておく（図 7.20 に同じ）。

**Step 6**　コニカルビーカーが室温まで冷えたら，氷浴につけて冷却し，結晶が析出するのを観察する（**図 7.32**）。

　もし結晶がなかなか析出しないようなら，ガラス棒などでコニカルビーカーの底を軽くこするなど，刺激を与えてみる。

**図 7.32**　生成物の再結晶

**図 7.33**　蛍光発光の観察

**Step 7**　結晶が析出したら部屋を暗くして，コニカルビーカー内の結晶に紫外線を当て，蛍光発光の様子を観察する。このとき，蛍光の色，強さ，広がりに注意するとよい（**図 7.33**）。

## 【実験のコツと注意点】

### Point 1　塩酸の薄め方

　3章の濃硫酸同様に，濃塩酸を薄める際にも細心の注意が必要である。塩酸は**医薬用外劇物**で，**管理と使用に特別の注意を要する**。塩酸は約35 %の塩化水素 HCl の水溶液で**強い酸性**を示すので，**皮膚についたり，目に入ったりした場合はただちに大量の水で洗い流す**こと。

　また濃い塩酸は有毒な塩化水素を発生して白煙を生じる（**図7.34**）。この塩化水素が粘膜や肌の水分に溶け込んでも強い酸性を示すので，やけどの危険性がある。衣服に穴を開けたりするのも硫酸同様で，特に取り扱いに注意を払うべき試薬である。

**図7.34**　塩酸の発煙

　また水で希釈する際に熱（水和熱）を発するので，溶液が非常に高温になるので，やけどに注意する。実際の操作はビーカーなど口の広い容器に先に蒸留水を入れ，氷水で冷やしながら濃塩酸をゆっくり加えていく（**図7.35**）。室温まで冷えるのを待って使用する。

**図7.35**　塩酸の薄め方

**Point 2**　触媒溶液の濃度と滴下量

　この実験で見逃されがちな要点が「触媒をどのくらい加えるか」である。たくさん加えたほうが効きそうだが，ここでは加えすぎると還元されてできたパラジウムのせいで溶液の色が黒ずんでしまい，再結晶もやりにくくなる。そこで，0.20％酢酸パラジウムアセトン溶液のような薄い溶液を1〜2滴だけ滴下するのがよい（**図7.36**）。そもそも触媒は反応の前後で変化しないのだから，わずかで効き目があるのは当然。すぐに反応しなくても，温めながら加熱し続けると反応が始まる場合がほとんどである。それでもダメなときに限り，触媒溶液を追加することを考えてほしい。

**図7.36**　触媒の濃度と滴下量

**Point 3**　テルフェニルカルボン酸の蛍光発光性

　この実験では $m$-ブロモ安息香酸を用いたが，$o$-ブロモ安息香酸や $p$-ブロモ安息香酸）を用いてもほぼ同様の実験ができる。これらは蛍光発光に違いがあり，$m$-ブロモ安息香酸を用いた場合，より強く蛍光発光したため，これを例として示した。ほかにもブロモ芳香族カルボン酸はいろいろ市販されており，それらを反応に用いることで多様な芳香族化合物が合成でき，それぞれの吸収・発光特性を示すので研究してみると面白い。

■ブレイク　ノーベル賞と触媒

　**表7.1** に示すように，ノーベル化学賞には触媒に関する研究が多い。それだけ触媒が人類の発展に貢献してきたという証だといえる。

表 **7.1**　触媒が関係している代表的なノーベル化学賞

| 年 | 受賞者および受賞理由 | |
|---|---|---|
| 1909 年 | W. オストヴァルト | 触媒作用，化学平衡および反応速度の研究 |
| 1912 年 | P. サバティエ | 金属粒子を用いる有機化合物の水素化法の開発 |
| 1918 年 | F. ハーバー | アンモニア合成法の開発 |
| 1963 年 | K. チーグラーと G. ナッタ | 新触媒を用いた重合法の発見 |
| 1975 年 | J. コーンフォース | 酵素による触媒反応の立体化学的研究 |
| 1989 年 | S. アルトマンと T. チェック | RNA の触媒機能の発見 |

　ノーベル賞の授与が始まって間もない 1909 年，オストヴァルトは触媒作用そのものの解明によって，ノーベル賞を受賞している。その後は優れた触媒や触媒反応の開発に貢献した化学者たちが受賞しており，1918 年のハーバー法によるアンモニア合成や 1963 年のチーグラー＝ナッタ触媒によるポリエチレン・ポリプロピレンの合成などは発見されてから長い年月を経ているが，いまだにこれらの化学物質を合成する主要な手段として用いられている。

　2000 年を皮切りに日本人の自然科学系ノーベル賞受賞が増加する（**表 7.2**）。その口火を切ったのが，2000 年の白川英樹によるノーベル化学賞受賞である。受賞理由となった世界初の導電性プラスチック「ポリアセチレン薄膜」の合成には極端に濃いチーグラー＝ナッタ触媒が用いられた。また本書の第 6 章ではこの技術の再現としてポリピロールを鉄（Ⅲ）触媒によって合成している。

表 **7.2**　触媒と日本人ノーベル化学賞

| 年 | 受賞者および受賞理由 | |
|---|---|---|
| 2000 年 | 白川英樹ら | 導電性高分子の発見と開発 |
| 2001 年 | 野依良治ら | 不斉触媒による化学反応の研究 |
| 2010 年 | 鈴木章・根岸英一ら | Pd 触媒によるクロスカップリング反応の研究 |

　また 2001 年の野依良治や 2010 年 鈴木章・根岸英一は，画期的な触媒と触媒反応の開発が評価されての受賞である。

　このうち，2001 年の不斉触媒による反応は製薬などの分野で大いに活用されており，特に有名なのが BINAP 錯体（**図 7.37**）を触媒に用いた香料，L-メ

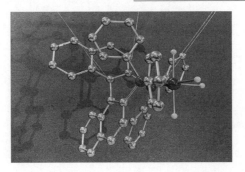

**図 7.37**　不斉触媒（BINAP 錯体）の金属製分子模型

ントールの合成である。このメントールだけでなく，有機化合物の中には構成している元素がまったく同じでも，右手と左手のように鏡写しの分子構造をもつものがあり，これらはたがいに鏡像異性体であるという。分離が困難なこれら鏡像異性体を合成し分けることのできる不斉触媒はとても便利な存在である。

　2010 年のパラジウム（Pd）触媒によるクロスカップリング反応については本章の本文で解説しているので詳説しないが，合成できる有機化合物の種類を格段に増やし，さまざまな機能性化学品を生み出す優れた反応であり，すでに現代の有機合成化学になくてはならない反応となっている。

　そして 2019 年，吉野彰がリチウムイオン電池の開発によりノーベル化学賞を受賞することが決定したが，これからも日本人のノーベル賞に期待しつつ，筆者も研究・教育に励みたいと思う。

# 8 よごれを分解する実験
## ──光触媒──

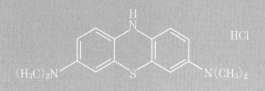

7章まで多種多様な触媒と化学反応の実験を紹介してきた。触媒と一口に言っても，あるものは固体，あるものは液体，ゼオライトのように目には見えないほど小さな穴や規則的な構造をもっていて，反応をうまく制御してくれる優れたものもあった。本章では触媒という言葉を含むので，触媒の一種ではあるが，ここまで見てきた触媒とはまた違ったはたらきをする光触媒に関する実験を紹介する。

## 8.1 光　　触　　媒

光触媒という言葉を聞いたことがあるだろうか。酸化チタン（IV）$TiO_2$ や酸化亜鉛（II）$ZnO$ などの物質は光を照射すると，光のエネルギーを吸収して活性化され，特定の化学反応を促進する物質であり，それを「光触媒」と呼んでいる。また，このように光吸収によって起こる化学反応を光触媒反応と呼ぶ[41]。

触媒は反応するがもとの物質に戻るため，反応の前後で変化しないということはこれまでも述べてきた。ここでも光を照射したときに起こる反応において光を吸収する物質が反応前後で変化しない[42],[43]ということが重要で「光触媒」と呼ばれるのはそのためである。

光触媒の歴史は当時東京大学大学院の学生であった藤嶋昭（元 東京理科大学学長）が白金を陰極，酸化チタン（IV）$TiO_2$ 結晶を陽極にして光（紫外線）を当てると，光エネルギーで水が水素と酸素に分解されるという発見をした。一見，単なる水の電気分解に思えるかもしれないが印加されていたのは $0.5\,V$ 程度ということなので，本来電気分解に必要な電圧の半分以下ということにな

り，驚くべき発見だった。本多[†]・藤嶋効果として知られる現象である。

　この発見は当初そんなことはあり得ないと否定されたそうだが，のちに正し
さが認められ，水を光のエネルギーで還元して水素を生み出すという画期的な
発見となった。折しも起こった石油危機などのエネルギー問題や公害に象徴さ
れる環境問題がもたらす諸課題を解決するのではないかと大いに注目された。
しかし，酸化チタンの光触媒作用はほぼ紫外線のみをエネルギーにしている。
したがって，光が当たって初めて光触媒作用を発揮するのであって，通常の触
媒とは違い，使いたいときに反応を促進してくれるわけではない。つまり，大
量に物質を合成するのには向かない。これらの理由から，水素発生や物質合成
とは別の用途で世に広まることとなる。藤嶋研究室の講師だった橋本和仁（現
東京大学教授）らが超親水性や防汚効果といった酸化チタン光触媒の新しい用
途を開拓していくのである[44),45)]。

　超親水性はくもりにくい窓や鏡などの用途で利用
される。これは酸化チタンに光が当たると，表面の
酸素原子の一部が水分子と反応して水酸基-OH が
できることによって，ガラス面と水滴とのなじみが
飛躍的に向上する現象を利用している。例えば鏡の
半分を酸化チタン処理してみよう。霧吹きで水をか
けると無処理の左半分には水滴がつくが，酸化チタ
ン処理を施した右半分は水がなじんでくもらない
（**図 8.1**）。

**図 8.1**　酸化チタン処理の
有無によるガラス面の水
滴とのなじみの違い

　防汚効果は光触媒に光が当たるとラジカルや原子
状酸素といった反応性が高い活性種が発生し，これが汚れやにおいなどの原因
物質と反応して分解する作用を利用している[45)]。手術室の壁や床面に塗られ
清潔な環境を保つのに役立ったり，高所など頻繁に掃除するのが困難な場所に
塗られ，その場所をきれいに保つのに一役買ったりしている。また超親水性と

---

　[†]　本多健一。藤嶋昭の指導教官。

相まって自己浄化効果が発揮され，防汚効果が長続きするのである。代表的な実用例としては東京駅八重洲口の大きな屋根「グランルーフ」があり，一見の価値がある（**図8.2**）。

**図8.2** 光触媒の実用例　東京駅「グランルーフ」

　そのほか，多岐にわたる光触媒の応用を語ると，優に成書一冊分にはなるので，実験書としての本書の位置づけから深入りしないことにする。代わりというわけでもないが，光触媒について学べる施設を紹介したい。目で見て触って光触媒を体験できる施設としてKSPテクノプラザにある，「光触媒ミュージアム」[46)]である。地方独立行政法人 神奈川県立産業技術総合研究所の付属施設であるが，とても展示が充実している。おもな展示物だけでも材料の酸化チタン，コーティング材，内外装材・建材，自動車用品，道路用建材，空気清浄機などがある。筆者が訪れた際は，当時神奈川科学技術アカデミー[†]の理事長を務めていた藤嶋昭に直接案内してもらった。小雨降る中，屋外にあった光触媒処理したテントの防汚効果を丁寧に解説してもらったのが，印象的だった。

---

[†] 　神奈川県立産業技術総合研究所の前身。

# 8.2 実 験

**【実験動画】** 本章で紹介する実験の動画を用意した。右記の QR コードを読み込むか，コロナ社の web ページ（https://www.corona sha.co.jp/）の本書の紹介ページから見ることができる。

**【レベル】** 小学5年生以上

## 8.2.1 光触媒によるメチレンブルーの退色

酸化チタン $TiO_2$ に光が当たると光励起された電子が $Ti^{4+}$ を還元して $Ti^{3+}$ ができ，さらにこの電子が反応物に供与されて還元反応が起きる。また電子が抜けた穴（正孔という）が反応物から電子を奪って酸化反応が起きる。反応物が水 $H_2O$ である場合，$H^+$ が還元されて吸着水素 $H(a)$ が，$H_2O$ が酸化されて $O_2$ が生成する。ここに白金 Pt などが存在すると，その助触媒効果で $H_2$ が生成する。このように酸化チタン $TiO_2$ などの光触媒を用いると，さまざまな活性種による同時多発的な反応が起こりうる。

簡単な実験で光触媒の効果を確かめたいなら，メチレンブルーという鮮やかな青色の色素を $TiO_2$ と光を使って還元して分解，無色に変化するのを観察するという実験がある。五感で触媒を感じるという本書のコンセプトにもっとも合致するだろう。実験の出典は大谷文章『イラスト・図解　光触媒のしくみがわかる本』[43]をもとに光触媒反応の実験マニュアルとして北海道教育大学の松橋博美がまとめ，実施しているものである。

この実験マニュアルのユニークで，また化学の楽しみを増してくれる工夫として，光触媒の合成も行っている点が挙げられる。具体的にはチタン（Ⅳ）テトライソプロポキシド（$Ti(OCH(CH_3)_2)_4$）を加水分解して酸化チタン（Ⅳ）$TiO_2$ を合成する。チタン（Ⅳ）テトライソプロポキシドは反応性が高く，水と瞬時に反応して加水分解を起こし，酸化チタンゲルを生成する。これを加熱して水分を除いて酸化チタンを得るという，いかにも化学実験らしい工程を取

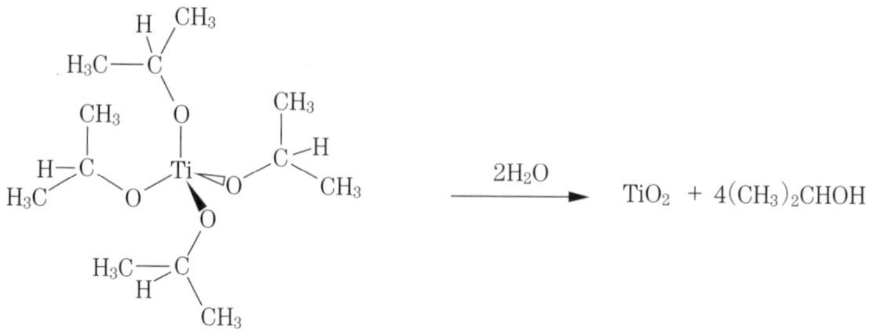

**図8.3** 酸化チタンの合成

り入れている（**図8.3**）。

ここで合成した酸化チタンを光触媒として，有機物（メチレンブルー）の分解反応を行う。メチレンブルーのメタノール溶液は濃い青色で，紫外線を照射すると濃青色が消え溶液は透明になる。時間をおいてメタノールが蒸発して無くなった後も青色に染まった酸化チタンは徐々に白色に変化する。

酸化チタンが酸素 $O_2$ に触れると，励起された電子によって酸素の還元が起こり，さらにプロトン $H^+$ を受け取って，ヒドロペルオキシラジカル $HOO\bullet$ が生成すると考えられている。

$$O_2 + e^- + H^+ \rightarrow HOO\bullet$$

ここで生成するヒドロペルオキシラジカルは強力な酸化剤であり，有機物を $CO_2$ と $H_2O$ に分解する。

メタノールが残っている間は，メチレンブルーの一部はメタノールの酸化で発生した吸着水素 $H(a)$ で還元されて還元型となり無色に変化する。還元型の

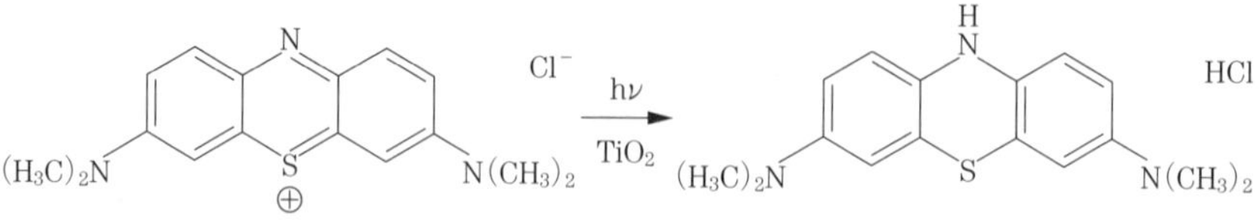

（a）酸化型（濃青色）          （b）還元型（無色）

**図8.4** メチレンブルーの酸化還元と色の変化

メチレンブルーは空気中に放置すると，空気中の酸素で再酸化されてもとの酸化型に戻り濃青色になる（**図8.4**）。

　つまり鮮やかな青色のメチレンブルーのメタノール溶液に，光触媒の酸化チタンを加えて紫外線を照射すると，光触媒反応が起こってメチレンブルーが還元され酸化型（濃青色）から還元型（無色）に変化することを利用して，光触媒の作用を可視化したわけである。

### ● **8.2.2　酸化チタンの合成と光触媒反応**

**【器具】**（**図8.5**，**図8.6**，**図8.7**および**図8.8**）

　□ビーカー（50 mL 用）……1

**図8.5**　この実験で用いる器具 ①

左から洗瓶，紫外線ランプ，電子天秤
**図8.6**　この実験で用いる器具 ②

左からホットプレート，マグネチックスターラー
**図8.7**　この実験で用いる器具 ③

アスピレーター（水流ポンプ）
**図8.8**　この実験で用いる器具 ④

☐マグネチックスターラー……1

☐スターラーチップ……1

☐ろ紙（No.2，55 mm）……1

☐ブフナーろうと（プラスチック製をおすすめする☞ **Point 2**）

☐吸引ビン（200 mL 用）……1

☐アスピレーター（あればダイアフラムポンプ）……1

☐蒸発皿……2

☐ホットプレート（200℃まで加熱できるもの☞ **Point 3**）

☐乳鉢……1

☐紫外線ランプ（ブラックライト）……1

☐ディスポスポイト……1

☐駒込ピペット（2 mL 用）……1

☐洗びん……1

☐化学天秤……1

☐スパチュラ……1

☐トング（キッチンツール店で買える調理用のもの）……1

【試薬】（図 8.9）

☐チタンテトライソプロポキシド　（Ti(OCH(CH$_3$)$_2$)$_4$：式量 284.22）無色液体，密度 0.96 g/cm³，吸湿性（☞ **Point 1**）

☐メチレンブルー　（C$_{16}$H$_{18}$N$_3$SCl：式量 319.85）暗青緑色結晶

☐メタノール（CH$_3$OH：式量 32.04）無色液体，沸点 64.7℃，密度 0.79 g/

左から，
チタンテトライソプロポキシド，
メチレンブルー，
メタノール

**図 8.9**　この実験で用いる試薬

cm³，引火性

□純水（H₂O：式量 18.01）密度＝1.00 g/cm³，蒸留水またはイオン交換水

**【実験操作】**

**Step 0** 実験前に以下の手順で 0.001 ％メチレンブルー メタノール溶液を調製しておく。

まず，メチレンブルー 0.01 g にメタノールを加えて溶解させ，全体で 10 mL にし，0.1 ％メチレンブルー メタノール溶液を作り，母液とする。母液をメタノールで，さらに 100 倍に希釈して（たとえば母液 0.10 mL をメタノールで希釈して 10 mL にする），0.001 ％メチレンブルー メタノール溶液を得る（**図 8.10**）。

図 8.10　メチレン
　ブルー溶液の調製

図 8.11　酸化チタンの
　合成

また，実験直前にホットプレートを 200 ℃に加熱しておく。

**Step 1** ビーカーに水 20 mL とスターラーチップを入れ，マグネチックスターラーで激しく撹拌しておく。その中にディスポスポイトを用いてチタンテトライソプロポキシドを約 1.0 mL 滴下し，酸化チタンの白い沈殿を作る（**図 8.11**）。

**Step 2** ろ紙をブフナーろうとにセットして，吸引びんとアスピレーター（またはダイアフラムポンプ）を用いて吸引ろ過を行い，酸化チタンをろ紙上に集める（**図 8.12**）。

**Step 3** ビーカーに残った酸化チタンは純水で洗い流し，洗液でろ紙上の沈殿を洗浄する（**図 8.13**）。さらにもう一度，純水で洗浄する。

**図 8.12**　酸化チタン
　　　　　の吸引ろ過

**図 8.13**　酸化チタン
　　　　　の洗浄

**Step 4**　沈殿をスパチュラで蒸発皿に移し，200 ℃に熱したホットプレートに
のせる。酸化チタンをスパチュラでかき混ぜながら，から焼きするようにして
3 〜 5 分間加熱して，水分を飛ばす（**図 8.14**）。

**図 8.14**　酸化チタンの乾燥

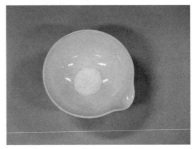

**図 8.15**　酸化チタンの乾燥終了

　蒸発皿の底に直接触れている酸化チタンがやや黄色味を帯び，サラサラに
なったら加熱を止め，放冷する。冷えると黄色は消え，白色に戻る（**図 8.15**）。
**Step 5**　酸化チタンを乳鉢に移し，粉砕する（**図 8.16**）。できた酸化チタン
の粉末を，蒸発皿に入れる（**図 8.17**）。
**Step 6**　蒸発皿にメチレンブルー溶液を 1 〜 2 mL，ピペットで加え，懸濁液
とする（**図 8.18**）。
**Step 7**　懸濁液に近い位置から紫外線（254 nm）を当て，様子を観察する（**図
8.19 および図 8.20**）

**図 8.16**　酸化チタンの粉砕

**図 8.17**　光化学反応の準備

**図 8.18**　メチレンブルー溶液の注入

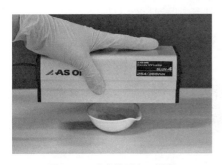

**図 8.19**　光化学反応の観察

**図 8.20**　退色したメチレンブルー

**Step 8**　紫外線を当てずに蒸発皿を軽く振り，懸濁液を空気とよく接触させ，様子を観察する（**図 8.21**）。

**Step 9**　もう一度，懸濁液に近い位置から紫外線（254 nm）を当て，様子を観察する（**図 8.22**）。

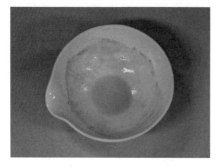 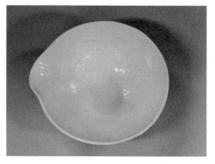

**図8.21**　メチレンブルーの再酸化　　　**図8.22**　再び退色したメチレンブルー

## 【実験のコツと注意点】

**Point 1**　チタンテトライソプロポキシドの取り扱い

　チタンテトライソプロポキシドはテトライソプロキシチタン（Ⅳ）とも呼ばれ，有機金属化合物でありながら，常温常圧で液体という面白い物質である。ただ水と反応しやすく，すぐに加水分解して酸化チタン（Ⅳ）に変化してしまう（**図8.23**）。したがって湿気の多い日本では，空気中の水分吸収による分解に注意する必要があり，できれば乾燥条件下で保管したい。

**図8.23**　湿気で変質し始めたチタンテトラ
イソプロポキシド

**Point 2**　プラスチック製ブフナーろうと

　ろ紙とブフナーろうと，吸引装置（アスピレーターやダイヤフラムポンプ）を使用すると，迅速なろ過ができるので便利である。かつてブフナーろうとは磁製が主流で重たく，中が見えず，ぶつければ割れるので不便であった（**図**

8.24）。やがてガラス製（目皿ロート，**図 8.25**）や桐山ロートを使うように
なると，これらの便利さに感心し，いまでも研究用はこの２者を用いることが
多い。

**図 8.24**　ブフナーろうとのいろいろ ①
　　　　　（磁製）

**図 8.25**　ブフナーろうとのいろいろ ②
　　　　　（ガラス製（目皿付））

　学生実験や実験教室で使うなら，断然おすすめなのがプラスチック製ブフ
ナーろうと（**図 8.26**）である。まず割れない，軽い，中が見えるし安い。そ
して一番の利点は，試料が入る円筒形の部分と，ろうとの足とが分離できるこ
と。分離した試料部分をそのままデシケーターで乾燥させることもできる。ま
た洗いにくい部分も分離できるのでよく洗えるようになり，とても使い勝手が
良い。

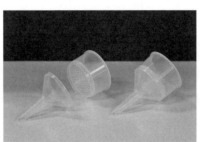

**図 8.26**　ブフナーろうとのいろいろ ③
　　　　　（プラスチック製）

**Point 3**　ホットプレートの便利さ

　もとになった実験では，酸化チタンの熱処理・乾燥をするために「るつぼ・
三角架・ガスバーナー」という一昔前の実験書によく見られた３点セットを用

いているが，実際の実験では高温すぎるし，安全性も気がかりである。

　そこで，天板を定温に加熱できる実験用ホットプレート（図8.7）をおすすめしたい。当研究室で使用しているモデルだと0.1℃刻みで温度設定ができ，最高350℃まで昇温できるという優れもの。電気さえあれば使えるので，実験教室などにも応用可能である。

# 9 工業触媒の実験

第1章では私たちの豊かな暮らしを支えてくれるモノづくりに触媒は必要不可欠な道具であることを紹介した。そのような技術はどのようにして生まれるのであろうか。本章では工業触媒の研究を行うための実験装置について紹介する。

## 9.1 触媒活性評価実験

工業触媒の多くは固体触媒である。実際に触媒メーカーで製造され化学工場で用いられる工業触媒の外観を図 9.1 に示す。工業触媒は粉末ではなく，円柱状や球状の粒に成型されている。これは大きな反応管に充填して大量のガスを流通させるときに，十分な接触面積を確保しつつガスの圧力を低下させないようにするためである。

反応中は原料と触媒が接触する必要があるが，反応終了後は生成物と分離す

図 9.1　各種工業触媒の外観

る必要がある。固体触媒は原料とは簡単に混ざり，生成物とは簡単に分離する
ことができる。したがって大量に製品を製造する現場では，触媒を反応装置の
中に固定して気体や液体の反応物を流通させて反応を進める。このような反応
器を固定層（固定床ともいう）流通式反応器という。

　**図 9.2** に反応器の長さと反応進行度との関係を示す。反応管に固定した触
媒に左側から原料を投入した場合，原料が右側に移動するに従い，原料から生
成物に反応が進んでいる様子がわかる。このように固定層流通式反応器では化
学反応の進み具合が反応管の長さと関係している[47]。

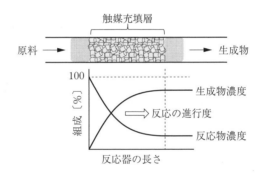

**図 9.2**　反応器の長さと反応進行度（縦軸）との関係

　触媒がどのような性能を有するかを調べるための装置全体を活性試験装置
（マイクロリアクター）という。**図 9.3** に大学の研究室で自作した活性試験装
置を示す。装置の上段には原料ガスを供給するためのガス発生器やガス流量調
節器がある。中段には触媒が充填された反応管や温度を制御するための温度制
御器を備えた電気炉がある。下段にはガス分析用のガスクロマトグラフがある。
研究室で実験を行う場合は実際に比べて反応管のスケールが小さいため，触媒
は小さく砕いて試験を行う。

　原料がガスの場合はガスボンベから**図 9.4**（a）に示すガス流量調節器を用
いて原料を反応管に供給する。原料が液体の場合は送液ポンプで流量を調節し
て原料を反応管に供給する。原料が水蒸気の場合は液体の水を供給して途中で
蒸発させて水蒸気にしてから反応管に供給する。一度気化させた水蒸気は途中

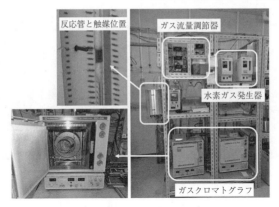

反応管と触媒位置

ガス流量調節器

水素ガス発生器

ガスクロマトグラフ

図 **9.3** 研究室で自作した活性試験装置

ガス流量調節器

保温用のヒーター設置部

（a）ガス流量調節器 　　　　　　（b）保温用ヒーター

図 **9.4** ガス流量調節器と保温用ヒーターの設置

で凝縮しないようにつねに配管を保温する必要がある。そのため図（b）に示すように配管をリボンヒーターで巻き，さらにその上に断熱材を巻くことで水蒸気が凝縮しない 100 ℃以上に保つ。

　触媒の活性試験は，このような活性試験装置を用いて実際に使う条件に合わせたさまざまな条件（温度，時間，圧力，ガス流量）で実験を行っていく。長時間試験を行う場合は**図 9.5**に示すような触媒活性試験を自動で行ってくれる装置を用いると効果的である。

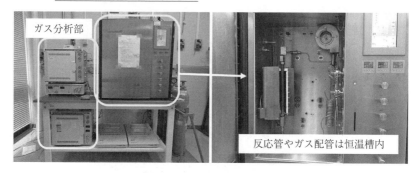

**図9.5**  自動触媒活性試験装置

## 9.2 反応機構を調べる

触媒とはそのもの自身は変化せずに化学反応を著しく進める物質である。しかし，なにもしないで反応を進めるわけではない。どのようにして反応が進んでいるのかを調べることも必要である。

**図9.6**に触媒反応機構のイメージを示す。仮に物質Aと物質Bは触媒成分と反応しやすい成分であり触媒表面の活性点で化合物を形成するとしよう。触媒と反応したAとBはその直後に反応して物質Cを形成して触媒から離れていってしまう。固体酸やゼオライトの説明でも同様の説明をしたのを覚えているであろうか。このようにして触媒の活性点は再生される。

このような反応機構を調べるために触媒の表面に生成した化学種を調べる方

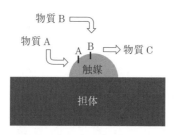

**図9.6**  触媒反応機構のイメージ

法がある。触媒粉末を薄いディスク状に成型してそこに赤外線を透過させることで触媒上に生成した吸着種を調べることができる。図で触媒上に生成しているAやBは特定の波数の赤外線を吸収する性質を有する。そこでAやBを加える前と後の赤外吸収スペクトルを測定することで触媒上にAやBが存在するかを確かめることができる[47]。

**図9.7**は赤外分光光度計を含む装置の外観である。触媒をセットするガラス製の測定装置は，原料ガスを供給することと真空排気ができるようになっている。また，右の写真は装置の左側の赤外線の光路からサンプルを見たものである。黒いディスクが触媒であり，ここに赤外線を当てて表面に生成している物質が赤外線を吸収するかどうかを調べることができる。

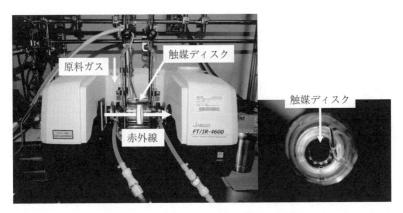

**図9.7** 赤外分光光度計と分析セル内部

## ■ブレイク グリーンケミストリーと触媒

皆さんはグリーン，すなわち緑と聞いてどんなイメージをもつだろうか。青草や樹木の色として「自然」だろうか。あるいは青信号に象徴されるような「安全・安心」というイメージだろうか。いずれにせよ「緑（グリーン）」は，これらに類したおおむね肯定的なイメージであるように思う。

**グリーンケミストリー**（green chemistry）という言葉がある。ほぼ同意義の言葉に**サステイナブルケミストリー**（sustainable chemistry）というものもあり，

あわせて**グリーン・アンド・サステイナブルケミストリー**（green and sustainable chemistry, GSC）という表現もしばしば用いられる。グリーンケミストリーが生まれた背景には，科学技術，特に化学工業が宿命的に向き合わねばならない問題があった。

　かつて発展し続ける科学技術を妄信し，環境やエネルギーの問題を二の次に考えた結果，公害に代表される環境問題や社会問題が深刻化した時代があった。日本でいえば 1955 〜 73 年の高度経済成長期がそれにあたり，その後も完全に解決していない問題が多い。この高度経済成長が終焉する一因が，1973 年のオイルショックというエネルギー問題であったことも記憶にとどめる価値がある。

　これらの諸問題の対策として，有害な化学物質の製造・使用・廃棄を規制して対応しようとしたわけであるが，これは結果的にうまくいかなかった。一足早く 1960 年代に同じ経験をした欧米でも同様で，レイチェル・カーソンの『沈黙の春』[48)] に象徴されるように社会への啓蒙が進み，市民意識が向上して，有害な物質の規制が進んでも，なお環境の問題は解決しなかった。

　そこで 1990 年代になって提唱されたのがグリーン・アンド・サステイナブルケミストリーである。その代表的な著書『Green Chemistry』（P.T.Anastas and J.C.Warner）[49)] は，すぐに渡辺正と北森昌男によって邦訳[50)]され，2000 年代には日本でも広く知られるようになった。その中心となる考え方は 12 か条あり，例えば「第一条　廃棄物は"出してから処理ではなく"出さない」や「第六条　環境と経費への負担を考え，省エネを心がける」などがうたわれている。そして「第九条　できるかぎり触媒反応を目指す」にあるように，この分野における触媒の役割は非常に大きいといえる。

　GSC について近年の動きを追っていくと [51),52)]，当初は有害な物質を使わないように使用を避けるべき物質を記載したネガティブリストが作られ，できるだけ危険な物質を使用しないという流れであった。しかし後に，そもそも安全な物質を選んで使おうというポジティブリストが作られて活用されるようになった。GSC の考え方が浸透し，進化していることがわかる。さらに "2030

年までに達成すべき 17 の目標"として SDGs（持続可能な開発目標）が掲げられ，ここでも環境・エネルギーに関する目標は数多くある。これらの分野をはじめ，触媒が活躍できる場は大きく，今後も触媒の研究開発は，より良い未来を作るために積極的に進めるべきであると考える。

# 引用・参考文献

**【1 章】**

1) 触媒学会 編：工業触媒，日刊工業新聞社（2014）

2) 菊地英一，射水雄三，瀬川幸一，多田旭男，服部 英：新版 新しい触媒化学，三共出版（2013）

3) 亀山秀雄：再生可能エネルギーからのアンモニア製造，水素エネルギーシステム，**42**，1，pp.9 ～ 19（2017）

4) 土田英俊：高分子の科学，培風館（1975）

**【3 章】**

5) Belousov, B. P.: Сборник рефератов по радиационной медицине, **147**, 145 (1959)

6) Zhabotinsky, A. M.: Биофизика, **9**, pp.306 ～ 311 (1964)

7) Summerlin, L. R., Ealy, J. L., Jr. 著，日本化学会 編：実験による化学への招待，丸善（1987）

8) Roesky, H. W., Möckel, K., 戸嶋直樹・尾方一郎・大野尚典（訳）：化学実験とゲーテ……―化学をおもしろくする 104 の方法，丸善（2002）

9) 「夢・わくわく化学展 2001」実験 DVD より 時間と空間のリズム反応

10) Rovinskii, A. B., Zhabotinskii, A. M.: J. Phys. Chem., **88**, 25, pp.6081 ～ 6084 (1984)

11) Ichino, T., Asahi, T., Kitahata, H., Magome, N., Agladze, K., Yoshikawa, K.: J. Phys. Chem., **112**, 8, pp.3032 ～ 3035 (2008)

12) CATALYSIS PARK ホームページ，時間振動実験：http://c-park.shokubai.org/contents/experiment/shake/ （2019 年 10 月現在）

**【4 章】**

13) 藤巻正生ほか 編：香料の事典，朝倉書店（1980）

14) Fischer, E., Speier, A.: Darstellung der Ester, *Chemische Berichte*, **28**, pp.3252 ～ 3258 (1895)

15) Vollhardt, K.P., C. Schore, N. E., 古賀憲司ほか（訳）：ボルハルト・ショアー現代有機化学（第 6 版），化学同人（2011）

Maitland Jones, Jr., Fleming, S. A., 奈良坂紘一ほか（訳）：ジョーンズ有機化学（第5版），東京化学同人（2016）

16) James Kennedy, VCE Chemistry teacher in Melbourne, Australia: Infographic: Table of Esters and Their Smells v2 (200＋ smells!), https://jameskennedymonash.wordpress.com/2013/12/16/infographic-table-of-esters-and-their-smells-v2-200-smells/

17) 日本化学会　世界化学年 2011 特別展「きみたちの魔法─化学『新』発見」展ホームページ：http://www.csj.jp/iyc2011/magic/index.html

18) 高砂香料ホームページ，「世界化学年 2011 特別展「君たちの魔法　化学新発見」に協力」：https://www.takasago.com/ja/aboutus/culture/2012/0126_1010.html

19) 菊地英一，射水雄三，瀬川幸一，多田旭男，服部 英：新版 新しい触媒化学，三共出版（2013）

**【5 章】**

20) 科学技術週間，一家に一枚シリーズ「光マップ」：https://stw.mext.go.jp/series.html

21) von Pechmann, H.: Neue Bildungsweise der Cumarine. Synthese des Daphnetins, Ber. Deutsch. Chem. Ges., **17**, 1, pp.929 〜 936 (1884)

22) 日本化学会 編：楽しい化学の実験室 II，東京化学同人（1995）

23) 冨永博夫 編：ゼオライトの科学と応用，講談社（1987）

24) 小野嘉夫，八嶋建明 編：ゼオライトの科学と工学，講談社（2000）

25) Database of Zeolite Structures: http://www.iza-structure.org/databases/ （2019年 10 月現在）

**【6 章】**

26) Natta, G., Mazzanti, G., Corradini, P.: *Atti Acad. Naz. Lincei, Cl. Sci. Fis. Mat. Nat., Rend.*, **25**, 8 (1958)

27) Ito, T., Shirakawa, H., Ikeda, S.: J. Polym. Sci: Polym. Chem. Ed., **12**, 1, pp.11 〜 20 (1974)

28) Shirakawa, H., Louis, E. J., MacDiarmid, A. G., Chiang, C. K., Heeger, A. J.: JCS Chem. Commun., p.578 (1977)

29) THE NOBEL PRIZE, The Nobel Prize in Chemistry 2000: https://www.nobelprize.org/prizes/chemistry/2000/press-release/

30) 赤木和夫，田中一義 編：白川英樹博士と導電性高分子（別冊化学），p.21，化学同人（2001）

31) 吉村 進：導電性ポリマー（高分子新素材 One Point 5），共立出版（1987）

32)　緒方直哉：導電性高分子，講談社（1990）

33)　吉野勝美，小野田光宣：高分子エレクトロニクス―導電性高分子とその電子光機能素子化―，コロナ社（1996）

34)　吉野勝美：導電性高分子のはなし（SCIENCE AND TECHNOLOGY），日刊工業新聞社（2001）

35)　白川英樹，廣木一亮：実験でわかる電気をとおすプラスチックのひみつ，コロナ社（2017）

36)　白川英樹，山邊時雄，吉野勝美：オーラスヒストリー―学際領域における導電性ポリマーの研究とノーベル化学賞―，応用物理，**77**，8，pp.903 ～ 909（2008）

37)　白川英樹：私の研究における偶然と必然 ポリアセチレン薄膜の合成とドーピングの発見，ミクロスコピア，**18**，4，pp.6 ～ 10（2001）

【7章】

38)　鈴木 章 監修，山本靖典，江口久雄，宮崎高則：トコトンやさしいクロスカップリング反応の本，日刊工業新聞社（2017）

39)　鈴木 章ほか：クロスカップリング反応―基礎と産業応用，シーエムシー（2010）

40)　工藤一秋：水中，空気下で触媒を使って炭素と炭素をつなぐ―鈴木-宮浦クロスカップリング反応を題材にして―，現代化学，**411**，pp.51 ～ 54，東京化学同人（2005 年 6 月）

【8章】

41)　長倉三郎ほか 編：理化学事典 第 5 版：岩波書店（1998）

42)　大谷文章：光触媒標準研究法，東京図書（2005）

43)　大谷文章：イラスト図解 光触媒のしくみがわかる本，技術評論社（2003）

44)　藤嶋 昭：第一人者が明かす光触媒のすべて―基本から最新事例まで完全図解，ダイヤモンド社（2017）

45)　佐藤しんり：光触媒とはなにか，講談社ブルーバックス（2004）

46)　神奈川県立産業技術総合研究所，光触媒ミュージアム：https://www.kanagawa-iri.jp/r_and_d/project_res/h_museum/

【9章】

47)　菊地英一，射水雄三，瀬川幸一，多田旭男，服部 英：新版 新しい触媒化学，三共出版（2013）

48)　レイチェル・カーソン 著，青樹築一 訳：沈黙の春（新潮文庫），新潮社（1974）

49)　Anastas, P. T., Warner, J. C., Green Chemistry: Theory and Practice, Oxford University Press（1998）

50)　P. T. アナスタス，J. C. ワーナー 著，渡辺正，北森昌男 訳：グリーンケミスト

リー，丸善（1999）

51)　御園生誠 著，日本化学会 編：グリーンケミストリー——社会と化学の良い関係のために（化学の要点シリーズ3），共立出版（2012）

52)　荻野和子，竹内茂彌，柘植秀樹 編：環境と化学——グリーンケミストリー入門（第3版），東京化学同人（2018）

# あ と が き

　人間は争いを続けてきた。古くは食料や水を求めて，やがて貨幣経済の成立をみて，富を生み出す土地や利権を求めて。ときに民族的な問題や宗教的な対立も絡み合い，これらの争いは苛烈を極めてきた。そんな争いの究極の形が戦争であるが，近代以降に起きたほとんどの戦争が直接的もしくは間接的に資源やエネルギーを求めてのものであることは間違いないように思う。

　この現実を目の当たりにして，化学者には何ができるであろうか。化学者も国家なり社会なりの一員であり，一人きりでは生きられないことを思うとき，所属する集団を崩壊させかねない戦争が起こった場合には戦争への参加を正当化したくなるだろうが，それは誤りである。また，戦争が科学技術の発展を加速するという主張は事実かもしれないが，受け入れることはできない。戦争は絶対悪であり，良い戦争などありはしないのだから。

　本書が取り扱ってきたテーマである触媒は，化学反応を効率化し，エネルギーを節約してくれる。自然や環境とうまく折り合うアイディアを与えてくれる。またエネルギーを生み出す燃料，健康を守る医薬品，食料の供給を安定化する肥料などの製造に，触媒は欠かすことができない。さまざまな工業製品に応用される機能性材料を生み出し，私たちの便利で文化的な生活を守ってくれるものなのだ。

　化学は誰のためにあるのだろうか。化学は「人類すべてのため」にある。化学をはじめとした，人類の知は何者かに独占されるべきではない。知を共有するための第一歩は，まずそれを知ることだ。

　しかし化学は難しいと敬遠されがちで，知る機会は少ない。だからこそ化学を知るための入り口として，化学実験は大きな役割をもつ。この本で紹介した実験を行って，触媒および化学そのものの楽しさや面白さを伝えたいという考

えに少しでも共感していただけたなら，筆者としては望外の喜びである。

　話は戻るが，戦争というものはお金がかかる。お金を使って人を傷つけ，命を奪い，ものを破壊するのだ。このお金の使い方ははたして賢いであろうか。どうせお金を払うならば戦争という破壊行為よりも，資源やエネルギーの問題を知識と技術で解決してくれる化学の研究や教育に投資してみてはどうだろうか。触媒を知れば，そんな発想がけっして突拍子もないものではないことが理解できるであろう。その点で本書は，化学者による，化学に興味を抱くすべての人に向けた平和の書であるといえる。

　この先，私たちが環境やエネルギーの問題から逃れることは難しい。そんな今だからこそ，化学を知ろう。争いを始める前にまず化学を学ぼう。これこそが未来を賢く幸せに生きるための近道であると，筆者らは信じる。


　最後に，以下の方々に感謝の意を表する。

　触媒学会で長く教育啓発活動に尽力されてきた服部英先生（北海道大学名誉教授），上田渉先生（神奈川大学教授），松橋博美先生（北海道教育大学教授），若林文高先生（国立科学博物館理化学グループ）など本書執筆のきっかけをくれた方々，および10年にわたってキャット・ケム実験室の企画・運営・実施に当たられてきた方々に感謝申し上げる。皆さんのお力がなければ，本書は完成しなかった。

　本書に記載された画像や動画の制作に協力してくれた津山工業高等専門学校総合理工学科 山中裕葵，土居諒，松倉銀志，井上智美，Dang Thoa，大田美優，藤田大輔，電気電子工学科 大山凌平，同卒業生佐藤良ら，廣木ゼミに所属する学生諸君に感謝する。彼らはつねに献身的に本書の完成に尽くしてくれた。皆の労を多として，感謝申し上げる。

　2020年1月

廣木　一亮

# 索　引

──著者略歴──

**廣木　一亮**（ひろき　かずあき）
2000 年　筑波大学第三学群基礎工学類卒業
2006 年　筑波大学大学院一貫性博士課程
　　　　数理物理科学研究科修了
　　　　博士（工学）
2006 年　独立行政法人産業技術総合研究所
　　　　環境化学技術研究部門特別研究員
2008 年　独立行政法人科学技術振興機構
　　　　日本科学未来館
　　　　科学コミュニケーター
2008 年　独立行政法人理化学研究所
　　　　基幹研究所客員研究員（兼任）
2011 年　津山工業高等専門学校講師
2013 年　津山工業高等専門学校准教授
　　　　現在に至る

**里川　重夫**（さとかわ　しげお）
1986 年　早稲田大学理工学部応用化学科卒業
1988 年　早稲田大学大学院理工学研究科
　　　　修士課程修了（応用化学専攻）
1988 年　東ソー株式会社化学研究所研究員
1994 年　東京ガス株式会社基礎技術研究所主任
　　　　研究員
1999 年　博士（工学）（早稲田大学）
2005 年　社団法人日本ガス協会技術開発部課長
2006 年　成蹊大学理工学部助教授
2007 年　成蹊大学理工学部教授
　　　　現在に至る

**実験でわかる　触媒のひみつ**
Understanding Catalysts Through Experiments　　ⓒ Kazuaki Hiroki, Shigeo Satokawa 2020

2020 年 3 月 18 日　初版第 1 刷発行　　　　　　　　　　　　　★

検印省略

著　者　廣　木　一　亮
　　　　里　川　重　夫
発行者　株式会社　　コ　ロ　ナ　社
　　　　代 表 者　　牛 来 真 也
印刷所　壮 光 舎 印 刷 株 式 会 社
製本所　株式会社　・　グ　リ　ー　ン

112-0011　東京都文京区千石 4-46-10
**発 行 所　株式会社 コ ロ ナ 社**
CORONA PUBLISHING CO., LTD.
Tokyo Japan
振替00140-8-14844・電話(03)3941-3131(代)
ホームページ　https://www.coronasha.co.jp

ISBN 978-4-339-06760-6　C3043　Printed in Japan　　　　　　（柏原）

# 新コロナシリーズ

定価は本体価格＋税です。
定価は変更されることがありますのでご了承下さい。

図書目録進呈◆

定価は本体価格+税です。
定価は変更されることがありますのでご了承下さい。

図書目録進呈◆